Álvaro Ossa Daruich

Del laboratorio al mercado

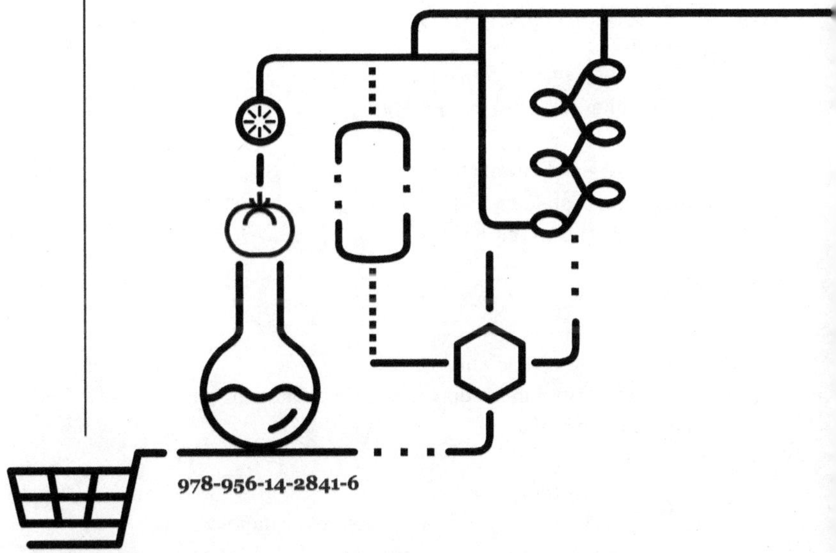

978-956-14-2841-6

EDICIONES UC

EDICIONES UNIVERSIDAD CATÓLICA DE CHILE
Vicerrectoría de Comunicaciones
Av. Libertador Bernardo O'Higgins 390, Santiago, Chile

editorialedicionesuc@uc.cl
www.ediciones.uc.cl

DEL LABORATORIO AL MERCADO.
Álvaro Ossa Daruich.

Julio 2021
ISBN N° 978-956-14-2841-6
ISBN digital N° 978-956-14-2842-3

Diseño: Soledad Poirot Oliva
Infografías: Catalina Fuentes Cano
Impresor: Andros impresores

CIP-Pontificia Universidad Católica de Chile

Ossa Daruich, Álvaro, autor.
Del laboratorio al mercado / Álvaro Ossa Daruich.
Incluye bibliografía.

1. Ciencia y tecnología.
2. Ciencia y tecnología – Aspectos económicos.
3. Transferencia de tecnología.
4. Innovaciones tecnológicas – Comercialización.
I. t.

2021 600 + DDC23 RDA

Álvaro Ossa Daruich

Del laboratorio al mercado

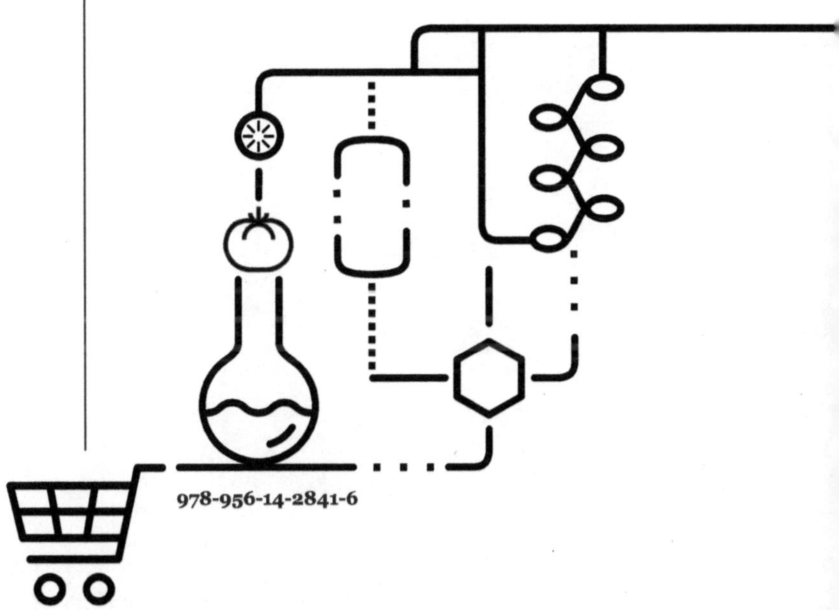

978-956-14-2841-6

EDICIONES UC

Para Ofelia, a quien admiro,
y para Olivia y Alicia,
quienes me inspiran.

Índice

Introducción ... 15

Capítulo 1 | Comercialización de ciencia y tecnología

Transferencia tecnológica ... 21
- Mecanismos de transferencia tecnológica ... 23
  - Vender o arrendar ... 23
- Desafíos y barreras de la transferencia tecnológica ... 25
  - Entender el valor de la transferencia tecnológica ... 25
  - Estrechar la relación academia-industria ... 25
  - Mirada de largo plazo ... 26
  - La inversión pública es clave ... 26
  - Barreras tecnológicas ... 26
  - Barreras económicas y organizacionales ... 27
  - Barreras del ecosistema ... 28
- Ejemplos de transferencia tecnológica ... 30
  - Gatorade ... 30
  - Tomates cherry ... 31
  - Dispositivos antiterremotos ... 32
  - Síndrome de Morquio ... 33
  - Sistema de desalinización de agua de mar ... 34
  - Mallas de fotoselectividad combinada ... 35
  - Fertilidad asistida ... 36
  - Purificador de agua ... 37
  - Diagnóstico de tuberculosis en bovinos ... 38
  - Medicina de precisión en diagnóstico de nódulos de la tiroides ... 40

Proceso de ideación ... 41

Technology push versus *demand pull* 41
Bootleg Research 43
El contexto histórico y las políticas de apoyo 45
Estados Unidos 45
Europa 46
Latinoamérica 47

Capítulo 2 | Validación comercial

Aspectos relevantes de la validación comercial 53
Oportunidad de mercado 55
Problema y solución 57
Propuesta de valor 58
Producto mínimo viable 59
Análisis técnico y comercial 60
Estado de desarrollo 60
Propiedad intelectual 61
Análisis del mercado 62
Aspectos regulatorios 64
Aspectos financieros 65

Capítulo 3 | Propiedad intelectual

Aspectos claves de la propiedad intelectual 69
¿Por qué proteger? 71
Clasificación de la propiedad intelectual 73
Derechos de autor y derechos conexos 75
Derechos de autor 75
Derechos morales 76
Derechos patrimoniales 76
Derechos conexos 77
Derecho del intérprete 77
Derecho del ejecutante 77
Productor fonográfico 77
Excepciones y limitaciones 77

Propiedad industrial 78
Patentes de invención 79
Modelos de utilidad 81
Trazado de circuito integrado 82
Dibujos y diseños industriales 82
Registro de variedades vegetales 83
Marcas 83
Indicación geográfica y denominación de origen 85
Registro de internet 85
Secretos industriales 86
Protección de programas computacionales 86
Estrategia de protección intelectual 87

Capítulo 4 | Comercialización de tecnologías

Aspectos claves de la comercialización 93
Tipos de acuerdo 95
Contrato de cesión 95
Contratos de licencia 96
Opción de licencia 96
Negociación de contratos 97
¿Cuándo comercializar? 97
Búsqueda de interesados 98
Preparación 98
Condiciones de un contrato de licencia 99
Negociación 107
Firma y seguimiento 109

Capítulo 5 | Emprendimiento basado en ciencia

Aspectos claves del emprendimiento basado en ciencia 113
Consideraciones de un emprendimiento basado en ciencia 116
Perfil del emprendedor 116
El equipo 118
Desarrollo comercial 120
Junta directiva 121

Pacto de accionistas 123
Importancia del *exit* 126
Condiciones habilitantes 127
Capacidades emprendedoras 127
Apoyo institucional 128
Políticas públicas 130
Financiamiento 131

Capítulo 6 | Financiamiento

Etapas de financiamiento 135
Mecanismos de financiamiento 136
Subsidio estatal 136
Desde las 4F a las 3F+S: Modelo A2FI 139
Inversionistas ángeles 140
Family office 141
Crowdfunding 142
Capital de riesgo 144
Corporate Venture Capital 146
Private equity 147
Otros 148
Inversión de riesgo 149
El "valle de la muerte" 152

Capítulo 7 | Gestión de transferencia tecnológica

Aspectos generales de la gestión de transferencia tecnológica 157
Proceso de transferencia tecnológica 158
Proceso de creación de emprendimientos basados en ciencia 162
Gestión de portafolio 166
Metodología de los cuadrantes 167
Metodología de los niveles 173
Nivel de madurez de las tecnologías 179
Marketing tecnológico 180

Capítulo 8| Oficinas de transferencia tecnológica

Rol de las universidades en la transferencia tecnológica 189
¿Qué y por qué una oficina de transferencia tecnológica? 191
Funciones de una oficina de transferencia tecnológica 193
Programas de una oficina de transferencia tecnológica 195
    Concursos de patentes 195
    Financiamiento temprano 196
    Programa de emprendimiento 197
    Internacionalización de tecnologías 198
Seis reglas de oro para el éxito de una oficina 199
    Compromiso de las autoridades 199
    Reglas claras 200
        Reglamento de propiedad intelectual 200
        Reglamento de creación de *spin off* 204
        Reglamento de conflictos de interés 206
    Incentivos 207
    Estrategia y estructura 209
    Cultura de transferencia tecnológica 210
    Casos de éxito 212
Estrategia de financiamiento 213
Las personas, como elemento esencial 214
Métricas de desempeño 215

Agradecimientos 219

Lista de referencias 223

Introducción

La costa pacífica se caracteriza por ser una zona altamente sísmica. Por años, y desde muchos países, se ha estudiado cómo enfrentar este fenómeno natural de la forma más adecuada para minimizar los efectos de los terremotos. En las últimas décadas, investigadores chilenos han desarrollado tecnología a nivel mundial que ha permitido evitar la destrucción de importante infraestructura y, también, salvar vidas. Poder facilitar este y muchos otros procesos que implican llevar ciencia desde los laboratorios y las salas de clases al mercado, transformada en productos y servicios que mejoren la calidad de vida de las personas, fue la principal motivación que me llevó a trabajar en el mundo de la transferencia tecnológica.

La presente publicación surge de la necesidad de contar con literatura en español que apoye el proceso de gestión tecnológica. Si bien es cierto que existen algunos libros y publicaciones sobre este tema, la mayoría de ellos están en inglés y se basan en realidades anglosajonas que distan de la experiencia y contexto de los países latinoamericanos. La gestión de la transferencia tecnológica varía de región en región y, por ende, es muy importante entender el contexto y el entorno cultural en el que se desarrolla para poder realizarla de manera adecuada. Todo lo anterior me motivó a iniciar un proceso de sistematización de diversas experiencias internacionales, regionales y locales, que se materializa en este libro.

Del laboratorio al mercado está dividido en ocho capítulos que abordan las diversas etapas del proceso de transferencia tecnológica. Cada capítulo puede ser revisado individualmente, como también leerse en diferente orden. El primer capítulo es una introducción a la transferencia tecnológica. Incluye varios casos de éxito y la experiencia de Estados Unidos, Europa y Latinoamérica. El segundo capítulo explica qué es la validación comercial y cómo se realiza. El tercer capítulo aborda los aspectos claves de la propiedad intelectual, distinciones y mecanismos de protección, incluyendo las normas y acuerdos internacionales y la experiencia de la región, en particular de Chile. El cuarto capítulo relata el proceso de comercialización de tecnologías, los tipos de contratos y los mecanismos de negociación más utilizados. El quinto capítulo aborda el tema de los emprendimientos basados en ciencia, sus características y condiciones para su creación. El sexto capítulo, en tanto, repasa las alternativas de financiamiento de acuerdo a las diversas etapas de un desarrollo tecnológico y propone una redefinición del modelo de las 3F. El séptimo capítulo se centra en el proceso de gestión de la transferencia tecnológica, se proponen dos modelos de gestión de portafolio y se explica el concepto de *marketing* tecnológico. Finalmente, el octavo capítulo habla sobre las oficinas de transferencia tecnológica, los roles y funciones, métricas de desempeño y se proponen las seis reglas de oro para el éxito de una oficina de transferencia tecnológica en Latinoamérica.

El presente libro relata algunos casos exitosos bien conocidos de tecnologías que se desarrollaron en los laboratorios y aulas de universidades y que lograron llegar al mercado para resolver problemáticas concretas, como por ejemplo la bebida isotónica Gatorade, creada a fines de los años sesenta en la Universidad de Florida, en Estados Unidos, o la variedad de tomate cherry, mejorada por dos científicos de la Universidad Hebrea de Jerusalén, quienes lograron crear un fruto más dulce y jugoso.

Pero además de estos casos emblemáticos, *Del laboratorio al mercado* cuenta otras historias, más cercanas, que han surgido en los últimos años, y son ejemplos de que es posible impulsar la transferencia tecnológica en Latinoamérica. Este es el caso de los dispositivos antisísmicos creados en la Pontificia Universidad Católica de Chile; de la terapia alternativa para la enfermedad huérfana denominada síndrome de Morquio A, desarrollada por investigadores de la Pontificia Universidad Javeriana de Colombia; de un sistema de desalinización de agua de mar o unas innovadoras mallas que permiten una mayor efectividad en el control de daño en frutas ocasionado por el sol, ambas creaciones que nacieron en la Universidad de Concepción; de un sistema de purificación de agua desarrollado por el INPA de Brasil. También se destacan los casos de un nuevo método de fertilización asistida, invento que surge de los laboratorios de la Universidad de la Frontera; de un sistema de diagnóstico de tuberculosis bovina desarrollado por científicos de la Universidad Austral de Chile o un test de diagnóstico de cáncer de tiroides creado por investigadores de la Pontificia Universidad Católica de Chile. Estos son ejemplos exitosos de transferencias tecnológicas que han surgido desde Latinoamérica y están resolviendo problemas en diferentes partes del mundo.

Para que todo lo anterior ocurra, es fundamental impulsar la "triple hélice" de la innovación a través de la articulación de la academia, el Estado y el sector privado. El rol del Estado debe ser permanente y de largo plazo. Muchas veces se cree, en forma errónea, que solo las empresas innovan y que el sector privado es el eslabón fundamental del ecosistema de innovación. Lo cierto es que cada sector tiene su misión y solo el trabajo conjunto y articulado permitirá ver resultados a mediano y largo plazo.

Uno de los aspectos que se plantea en el libro es que cuando se desarrollan políticas públicas en torno al desarrollo de la ciencia y las tecnologías, muchas veces se posterga un eslabón fundamental en la cadena: la gestión de la transferencia tecnológica. Cuando se busca avanzar decididamente en impulsar la innovación basada en ciencia, es necesario profesionalizar la gestión de la comercialización de tecnologías, establecer procesos, crear incentivos, formar personas y desarrollar habilidades necesarias para que todo esto ocurra. Este libro es una guía para dicha profesionalización y gestión.

Del laboratorio al mercado está orientado a públicos diversos, entre ellos, gestores tecnológicos y autoridades universitarias que son los encargados de facilitar el proceso de vinculación academia-empresa; estudiantes de doctorado e investigadores que quieren aventurarse en el mundo de la innovación basada en ciencia; emprendedores científicos interesados en desarrollar y hacer despegar sus negocios; tomadores de decisiones en los ámbitos de ciencia y tecnología, con el fin de que les permita comprender de mejor forma la transferencia tecnológica; y en general a todos quienes estén interesados en la innovación basada en ciencia como motor de desarrollo local y global.

La intención final de quienes trabajamos en este ámbito es que Latinoamérica logre salir de la trampa de los países de ingresos medios, con economías basadas principalmente en la explotación de recursos naturales, transformando a la región en una economía desarrollada, con énfasis en educación, creatividad, innovación, ciencia y tecnología.

Espero sinceramente que este libro ayude a multiplicar la pasión que nos mueve, permitiendo que más actores se sumen a esta apuesta de pensar un futuro en donde las ciencias y la innovación sean protagonistas y logren mejorar la calidad de vida de las personas.

Capítulo

1

Comercialización de ciencia y tecnología

Transferencia tecnológica

La investigación es un proceso intelectual a través del que se puede aprender algo nuevo o también crear cosas que no existen, lo que permite mejorar la calidad de la enseñanza o también mejorar la vida de las personas, mediante productos y servicios. Sin embargo, es un proceso complejo y de mucha incertidumbre, y la mayoría de las veces implica recorrer un largo camino para obtener el resultado esperado.

Para lo anterior se requiere un trabajo intensivo de los investigadores y un fuerte apoyo por parte de la institución en donde se realiza investigación, tanto en infraestructura como en medios materiales y apoyo administrativo. Se necesitan también recursos, que mayoritariamente provienen del Estado, disponibles para financiar la investigación con el propósito de generar más y mejor conocimiento que impacte en la sociedad, ya sea por la vía académica, por ejemplo, la formación de personas, publicaciones científicas o tesis de grado, así como por la disponibilidad de resultados de investigación que puedan transformarse en soluciones concretas a los problemas reales del mercado y de la sociedad.

En este sentido, se ha generado cierta controversia respecto de cuál es el verdadero fin de una investigación científica. Hay quienes plantean que la ciencia sirve para conocer mejor el entorno que nos rodea, siendo un estímulo a la actividad intelectual creadora. Por otro lado, están aquellos que piensan que si algunos resultados científicos tienen un potencial de aplicación y pueden resolver un problema concreto de la sociedad, es necesario hacer todos los esfuerzos para que así sea.

En lo que sí hay consenso es en que los investigadores buscan impactar con la ciencia que desarrollan. En este sentido, existen múltiples formas de hacerlo; por ejemplo, es posible a través de publicaciones científicas o canalizando ese nuevo conocimiento en el proceso formativo de personas, también –como hemos señalado–, resolviendo un problema concreto.

Al proceso de llevar un resultado de investigación al mercado, se le llama transferencia tecnológica o comercialización de tecnologías.

Uno de los aspectos más relevantes para un investigador es la satisfacción de contribuir a la sociedad. Puede ser a través de la generación de un bien o un servicio que resuelva una necesidad, como, por ejemplo, desarrollar un fármaco para curar una enfermedad, llevar adelante un proceso que permita reducir la contaminación industrial o crear un nuevo método que mejore la enseñanza. Dicho de otra forma, lo que se busca es impactar en la mejora de la calidad de vida de las personas mediante el desarrollo científico.

El mundo académico cuenta con indicadores y metas para progresar académicamente, como es el caso de las publicaciones científicas, pero la transferencia tecnológica también podría implicar un avance en la carrera académica de los investigadores al ser reconocida la actividad de comercialización de tecnología en la evaluación docente. Sin embargo, esto último ha sido implementado por pocas instituciones en el mundo.

Si se mira esto desde el punto de vista financiero, la comercialización de ciencia y tecnologías, podría traducirse en una nueva fuente de financiamiento para investigaciones futuras, además de ganancia económica para los investigadores, dependiendo de si la estrategia de transferencia de resultados de investigación es con o sin fines comerciales.

En este contexto, un desafío radica en que los resultados de investigación no terminen únicamente en publicaciones científicas y en su difusión en el mundo académico, sino que logren llegar al mercado y solucionar alguna necesidad real de las personas.

Es importante resaltar que la transferencia tecnológica se asoció tradicionalmente a las áreas de ingeniería, y posteriormente se fueron sumando las ciencias médicas. Sin embargo, se han visto grandes transferencias en las áreas de educación, ciencias sociales y humanidades. Es decir, la comercialización de tecnologías no es materia exclusiva de ciertas áreas del saber, sino que abarca a todas aquellas que tengan aplicación concreta en el mercado.

Mecanismos de transferencia tecnológica

Para que un resultado de investigación llegue al mercado en forma de bien o servicio, se puede explotar directamente o, bien mediante la realización de una transferencia a un tercero que se encargue de la comercialización, ya que rara vez una institución científica comercializará directamente los desarrollos a los usuarios finales. En este sentido, un resultado de investigación puede ser transferido a una empresa ya constituida o, bien se puede crear una nueva empresa para explotarlo comercialmente.

Vender o arrendar

Los resultados de investigación generan propiedad intelectual que se protege. Dicha propiedad es un activo intelectual, siendo este el que se transfiere. Así, un resultado de investigación puede ser transferido mediante dos mecanismos: por un lado, los derechos de propiedad intelectual pueden ser cedidos, traspasando su titularidad a un tercero –con lo que dejan de pertenecer al titular original–, o bien pueden ser licenciados, lo que implica que el titular original mantiene su derecho de propiedad y otorga una autorización de uso, explotación comercial o masificación a un tercero bajo ciertas condiciones.

Como ejemplo ilustrativo, supondremos que, en lugar de tener derechos de propiedad intelectual, se tiene una casa. Esta puede ser vendida, lo que podría equivaler a la cesión de los derechos de propiedad intelectual mencionados anteriormente; o bien arrendada, lo que equivale a licenciar los derechos de propiedad intelectual. Al vender una casa, el nuevo propietario paga por ella un precio determinado y, una vez concluida la venta, la casa deja de pertenecer al propietario original, el cual pierde todo control sobre el bien. El nuevo dueño podrá disponer libremente de la casa: podrá pintarla, alquilarla, venderla e incluso demolerla. También puede ocurrir que el nuevo propietario nunca habite la casa. En estos casos, el anterior dueño no tendrá ninguna injerencia en lo que decida hacer el nuevo titular.

Así, un resultado de investigación que se cede puede ser licenciado o cedido posteriormente a otro por parte del nuevo dueño. También puede que ese nuevo propietario nunca la use o explote, frente a lo cual el antiguo titular no podrá intervenir.

Volviendo con el ejemplo, si la casa es arrendada a un tercero, equivalente al licenciamiento de un resultado de investigación, el dueño-arrendador no pierde su calidad de propietario y el arrendatario solo puede habitar la casa bajo ciertas condiciones que quedan establecidas en el contrato de arriendo. Frente al incumplimiento de esas condiciones, el propietario o arrendador tiene el derecho a terminar el contrato con el arrendatario. Esto mismo ocurre al licenciar un resultado de investigación: el propietario de la tecnología la licenciará o "arrendará" bajo ciertos términos y condiciones para que la patente se use o explote comercialmente.

Tal como ocurre con el arriendo de una casa, que puede permitir al arrendatario subarrendar la propiedad, también es posible otorgar al licenciatario de la tecnología el derecho a sublicenciar. En cualquier caso, el otorgamiento de este derecho debe realizarse con muchos resguardos, dado que presenta un impacto importante en múltiples aspectos de la licencia.

Es importante considerar que el ejemplo expuesto ayuda a entender la diferencia entre cesión de derechos y licenciamiento. No obstante, se debe tener en cuenta la distinta naturaleza que existe entre la casa y un resultado de investigación, ya que este último es un activo intangible. El ejemplo, sin embargo, permite visualizar de manera fácil y rápida la diferencia entre cesión de derechos y licenciamiento.

La alternativa que finalmente se escoja entre la cesión o el licenciamiento responde a una estrategia específica para cada caso, dependiendo del tipo de resultado obtenido, su estado de madurez, las características de su protección, lo que se quiere lograr con su transferencia, el tipo de financiamiento disponible y del interés de quien adquirirá la tecnología, entre otros aspectos.

Por otra parte, la decisión de licenciar o ceder a una empresa ya constituida, o de fomentar la generación de un emprendimiento basado en ciencia para utilizar o explotar un resultado de investigación, dependerá de un análisis del caso particular. Es recomendable crear una nueva empresa cuando existen capacidades emprendedoras en el equipo, cuando se trata de una tecnología de base que permite generar, a partir de ella, varios desarrollos tecnológicos, y cuando se requiere alta inversión de capital.

Generar un emprendimiento basado en ciencia no siempre es la alternativa más adecuada, por lo que debe ser analizada caso a caso, teniendo en cuenta múltiples variables.

Desafíos y barreras de la transferencia tecnológica

La transferencia tecnológica es un proceso largo y complejo, pero con un potencial impacto económico y social que es enorme, y trae asociados múltiples desafíos que es necesario enfrentar.

Entender el valor de la transferencia tecnológica

En diversos estudios (Biggar Economics, 2017; Fraser, 2008) se plantean desafíos que debe enfrentar el proceso de la transferencia tecnológica. Uno de los mayores es que se conozca y entienda su relevancia para los países, ya que muchas veces se cree que la ciencia y la tecnología constituyen un capricho de un grupo de investigadores que no buscan más que prestigio personal y avanzar en su carrera académica. Sin embargo, lo que en realidad pretenden es impactar con la ciencia que desarrollan, tanto a través de publicaciones científicas como de transferencias tecnológicas que permitan atender necesidades de la sociedad.

Estrechar la relación academia-industria

Otro de los desafíos importantes es lograr una mayor vinculación universidad-empresa para facilitar la transferencia tecnológica; es decir, vincular las capacidades de desarrollo de las universidades y centros de investigación con las necesidades de las empresas y la sociedad. Para lograr que la ciencia, o parte de ella, pueda resolver problemas reales, es necesario dialogar con quienes tienen estos problemas. Lo anterior se logrará cuando ambas partes hablen idiomas similares y acerquen posturas, o –dicho de otro modo– cuando las universidades aprendan a moverse a los ritmos de la industria, y la industria entienda la importancia de la investigación y desarrollo, sus riesgos y costos (Fraser, 2008).

Mirada de largo plazo

Por otra parte, es muy importante que las instituciones tengan un compromiso y mirada a largo plazo para desarrollar investigación aplicada con impacto, de manera de impulsar y fortalecer las capacidades para transferir sus resultados. Esto debiese contribuir a que los investigadores se interesen más por desarrollar investigación orientada a las necesidades de la industria y con perspectivas de resolver un problema concreto desde sus inicios (Fraser, 2008).

La inversión pública es clave

Finalmente, es clave que los Estados inviertan en ciencia y tecnología. Los países ricos lo son, porque dedican recursos al desarrollo científico-tecnológico; y los países pobres lo siguen siendo, porque no lo hacen: "La ciencia no es cara, cara es la ignorancia" (Pigna & Pacheco, n.d.).

El desarrollo científico tecnológico permite diversificar la matriz productiva, hacer más competitiva a una nación y, por sobre todo, mejorar la calidad de vida de las personas. Los países deben lograr entender, incentivar e invertir en ciencia y tecnología para el crecimiento y el bienestar de la nación. Es importante que tengan una visión de Estado de largo plazo y no una mirada limitada de corto plazo.

Por otra parte, existen múltiples barreras a la hora de desarrollar la transferencia tecnológica. Según (Mazurkiewicz & Poteralska, 2017), la transferencia tecnológica se ve dificultada por la existencia de diferentes barreras que es importante sortear, ya que bloquean las interacciones entre las universidades y las empresas, impidiendo así el desarrollo de innovaciones. Según los autores, existen tres tipos de barreras que enfrentan las universidades y centros científicos a la hora de iniciar un proceso de transferencia tecnológica: las barreras tecnológicas, las económicas y organizacionales, y las del ecosistema.

Barreras tecnológicas

Dentro de las barreras tecnológicas se encuentra la dificultad intrínseca de desarrollar cualquier nueva tecnología, según el estudio *Technology Transfer Barriers and Challenges Faced by R&D Organisations* (Mazurkiewicz & Poteralska, 2017). Debido a que es un proceso de alto riesgo, no solo se debe comprobar que la tecnología funciona, sino que además se debe demostrar su utilidad para resolver un problema real. También puede ocurrir que las tecnologías sean demasiado sofisticadas, por lo que resulte difícil o imposible adecuarlas para su utilización en el mercado. En este sentido será mucho menos riesgoso utilizar tecnologías ya desarrolladas que otras en proceso de desarrollo.

El estudio plantea que otro de los factores considerados barreras tecnológicas es la limitada capacidad técnica que pueda existir en los equipos de investigación, lo que puede llevar a desarrollar una única posible solución para el problema existente. Esto es una barrera, ya que puede llevar a no ver el problema en forma global, sino más bien a concentrarse en una solución en particular.

Por otro lado, el hecho de que los desarrollos impliquen altos requisitos técnicos y de personas puede hacer que el costo sea muy elevado y, por ende, muchas veces haga compleja su implementación y su transferencia. Adicional a lo anterior, Mazurkiewicz & Poteralska (2017) plantean que en algunas ocasiones se requiere mucho tiempo para el desarrollo tecnológico, lo que puede llevar al desaliento y desinterés de los clientes potenciales que desean que la tecnología sea desarrollada lo más rápido posible. Finalmente, también puede ser que una versión prototipo de una tecnología no funcione de igual manera o no sea compatible cuando se requiere hacer el escalamiento industrial, lo cual hace completamente inviable su transferencia.

Barreras económicas y organizacionales

Dentro de las barreras económicas y organizacionales, se encuentra el tiempo, según lo estudiado por Mazurkiewicz & Poteralska (2017). Mientras las organizaciones de investigación y desarrollo (I+D) piensan en hacer desarrollos de largo plazo, las empresas buscan soluciones en el más corto plazo posible, es decir, tienen una visión distinta sobre el tiempo necesario para alcanzar una solución.

El estudio continúa planteando que los diferentes enfoques frente al desarrollo tecnológico también constituyen una barrera. Mientras las universidades y los centros de I+D tienen un enfoque mucho más orientado al desarrollo de la tecnología, el que con un alto conocimiento técnico les permitirá llegar a una solución acabada, las empresas tienen su enfoque puesto en soluciones con orientación al mercado, en desmedro de la perfección de la solución técnica. Lo anterior se ve aun más dificultado cuando existe una transmisión de información técnica imperfecta y una cooperación insuficiente entre ambos, lo que, sumado a las habilidades de negociación y gestión comercial deficientes que existen principalmente en las universidades y centros de I+D, dificulta el trabajo conjunto e incrementa las desconfianzas.

La falta de una evaluación precisa sobre la comercialización de la tecnología y la carencia de un plan para su implementación conforman otra barrera permanentemente presente. Los centros de I+D y universidades se centran mucho en el avance y la difusión del conocimiento, haciéndolo, por ejemplo, a través de publicaciones científicas, antes que patentar sus hallazgos, lo que colisiona profundamente con las demandas de la industria (Mazurkiewicz & Poteralska, 2017).

Según los autores, otros de los problemas que se generan en el desarrollo tecnológico a través de la vinculación universidad-empresa, tienen relación con quien financia los desarrollos. Por un lado, está el interés de las universidades y centros de I+D de que sean las empresas las que financien el proceso completo, lo que se contrapone con el interés de la industria, que es financiar el resultado final, pero no el proceso de investigación en sí.

Finalmente, otras de las barreras económico-organizacionales corresponden a los problemas relacionados con los derechos de propiedad intelectual. Por lo general, las universidades y centros de investigación buscan mantener para sí la propiedad intelectual, ya que en el centro de su quehacer está la creación de conocimiento; aunque sí están disponibles para que la empresa lo utilice, aun en forma exclusiva y perpetua. Por otro lado, las empresas también quieren tener la propiedad intelectual, debido a que la entienden, erróneamente, como el único mecanismo para garantizar el uso en forma exclusiva y perpetua de la tecnología desarrollada (Mazurkiewicz & Poteralska, 2017).

Barreras del ecosistema

Con respecto a las barreras del ecosistema (Mazurkiewicz & Poteralska, 2017), están en la ausencia de una estrategia nacional de desarrollo tecnológico, el poco financiamiento, la falta de infraestructuras, y la carencia de incentivos para impulsar la transferencia tecnológica tanto en empresas como en centros de I+D y universidades. Son pocos los países que tienen una real y efectiva estrategia de desarrollo tecnológico. Sin una mirada estatal de largo plazo que involucre realmente al sector privado, no es posible desarrollar un sistema robusto de innovación basado en ciencia.

Por otro lado, el financiamiento siempre ha sido una barrera relevante, según los autores, tanto en países desarrollados como en los que no lo son, y el problema no radica solo en los montos a invertir, que por lo general se miden como un porcentaje del PIB de la nación, sino también en quiénes son los que invierten en I+D. Mientras en países desarrollados hay un equilibrio entre los aportes estatales y privados, e, incluso, en algunos casos los aportes privados son mayoritarios, en países de menor desarrollo es el Estado quien financia, con las restricciones presupuestarias imaginables.

Con respecto a la infraestructura, según continúan los autores, para lograr innovación basada en ciencia y tecnología se requieren laboratorios y equipamiento sofisticados. Adicionalmente, no basta solo con la implementación inicial, sino que también es necesario mantenerlos y actualizarlos, por lo que, para generar desarrollos tecnológicos de clase mundial, es imprescindible contar con infraestructura de clase mundial.

Finalmente, para los autores, los incentivos son claves a la hora de impulsar el ecosistema de ciencia y tecnología. En universidades y centros de investigación es necesario incorporar métricas dentro de la evaluación de la carrera profesional y académica, que reconozcan los aportes de los investigadores en estas materias. Para el caso de las empresas, uno de los incentivos interesantes son las rebajas tributarias por invertir en desarrollos tecnológicos, aunque lo importante es que sean poco burocráticos y fáciles de gestionar, para que la industria se interese en acogerse a ellos y resulte más atractivo involucrase en desarrollar ciencia y tecnología.

Para hacer frente a estas barreras, es importarte reconocerlas y trabajar con el fin de poder reducirlas o eliminarlas. Este enfoque debe aplicarse tanto antes de que se tome la decisión de desarrollar la tecnología, como en el curso de su desarrollo. Dependiendo del tipo de barrera, las actividades deben llevarse a cabo individualmente a nivel organizacional o conjuntamente con otras instituciones (Mazurkiewicz & Poteralska, 2017).

Ejemplos de transferencia tecnológica

Gatorade

Lo que se conoce como bebida isotónica es un muy buen ejemplo de transferencia tecnológica. A mediados de los años sesenta, un equipo de investigadores de la Universidad de Florida, en Estados Unidos, creó una bebida que reponía rápidamente el líquido corporal de los jugadores de su equipo de fútbol americano Florida Gators. Consumir este líquido les ayudaba a evitar la deshidratación y pérdida de sales minerales. Este increíble invento fue bautizado como Gatorade, en honor a Florida Gators y al científico Robert Cade, quien comandó la investigación (*Gatorade®, La Bebida Deportiva N°1 Del Mundo Cumple 50 Años | PepsiCo*, 2015).

La historia relata que el entrenador del equipo Florida Gators le preguntó al doctor Robert Cade, quien aún no cumplía los 40 años, por qué los jugadores de su equipo no podían orinar después de cada juego. El médico nefrólogo, quien además era un excelente científico, comenzó a investigar y descubrió que los jugadores perdían hasta 8 kilogramos de peso después de cada juego, que duraba tres horas en promedio, de los cuales alrededor del 95% era agua, producto del sudor generado por lo exigente de la actividad física.

Robert Cade, junto a Dana Shires, James Free y Alejandro de Quesada, desarrolló una bebida que permitía una rápida rehidratación. Se cuenta que las primeras versiones tenían sabor a químicos desinfectantes, lo que hacía que los jugadores vomitaran. Ante esto, la esposa del doctor Cade recomendó añadir jugo de limón a la bebida.

En 1965 se comenzó a usar Gatorade y, al año siguiente, apariciones en la prensa comenzaron a hacerla popular. En 1967, uno de los estudiantes del doctor Cade conversó con uno de los vicepresidentes de Stokely-Van Camp, Inc., empresa envasadora de frutas y vegetales, quienes finalmente llevaron al mercado el producto.

Con el pasar de los años, los Florida Gators lograron una serie de triunfos, detonando un masivo interés hacia la bebida en 1967 cuando el entrenador de los Yellows Jackets, equipo de Georgia Tech Bud Carson, declaró luego de la derrota 27 a 12 de su equipo frente a Los Gators:

"Nosotros no teníamos Gatorade, eso hizo la diferencia" (*Gatorade®, La Bebida Deportiva N°1 Del Mundo Cumple 50 Años | PepsiCo*, 2015).

La historia no estuvo exenta de problemas. En 1970, en Estados Unidos se prohibió el uso del ciclamato sódico en alimentos y bebidas, uno de los ingredientes de Gatorade, por lo que Rober Cade y su equipo tuvieron que crear una nueva fórmula sin este compuesto. En 1973 se generó una controversia judicial importante por los derechos de propiedad intelectual del desarrollo, que finalmente llegó a acuerdo entre los investigadores y la universidad, determinando que el equipo de investigación se quedaría con un 80% de las regalías, y la universidad con el 20% restante.

Desde entonces, Gatorade se convirtió en la fórmula hidratante para deportistas por excelencia. Actualmente es consumida en más de 55 países, siendo la bebida oficial de diversas organizaciones.

Gatorade además se ha utilizado para manejar la deshidratación producida por algunas enfermedades, por lo que su aporte e impacto en la sociedad es notable y corresponde a un ejemplo icónico de transferencia.

Tomates cherry

El tomate cherry es muy antiguo y no se sabe muy bien de dónde proviene. Algunos dicen que de Grecia, otros de Italia o de América en forma silvestre. Si bien es cierto el tomate cherry existe hace mucho, científicos israelíes encontraron la forma de crear una variedad que fuera fácil de empacar, transportar y vender antes de que se echara a perder. Lo hicieron modificando la semilla de los tomates, para crear una variedad resistente y fácil de cultivar.

La historia cuenta que (Lewis, 2016) durante la década de 1970 el dueño de la tienda inglesa Marks & Spencer se acercó a productores locales, así como a los científicos israelíes, para solicitarles que desarrollaran un tomate que fuera apto para los supermercados y tuviera un sabor más dulce. El agricultor inglés Bernard Sparkes empezó a experimentar con una variedad de tomates cherry llamados Gardener's Delight, al tiempo que dos científicos israelíes de la Universidad Hebrea de Jerusalén empezaron a producir semillas de tomates cherry que crecían en filas uniformes y podían durar más tiempo en los estantes. Lo que hicieron fue mejorar su sabor, volviéndolo más dulce y jugoso, además de lograr que durara más. Después, esa universidad se lo entregó a los agricultores de Israel para que lo cultivaran. Hoy es un éxito y es consumido en muchos países del mundo. Actualmente, Israel es un líder mundial en la industria de las semillas de tomate y se estima que el 10% del mercado mundial de semillas de tomate le pertenece.

Dispositivos antiterremotos

La noche del terremoto del 27 de febrero de 2010 en Chile, conocido como el 27-F, fue la mejor prueba para una de las torres más altas de la ciudad de Santiago. La torre Titanium, con 55 pisos y más de 190 metros de altura, solo sufrió daños menores, sin deterioros estructurales. Era el edificio más alto del país, que pasó la prueba al quinto terremoto de mayor intensidad en la historia del mundo. Esta torre contaba con un sistema antisísmico basado en disipadores de energía.

En 1995 volvía de su doctorado en la Universidad de Berkeley –ubicada en la falla de San Andrés, otro punto altamente sísmico– el profesor Juan Carlos de la Llera, ingeniero civil de la Pontificia Universidad Católica de Chile. Durante su estadía en Estados Unidos había comenzado a investigar tecnologías asociadas al riesgo sísmico en diferentes estructuras. Se decidió a impulsar en Chile una línea de ingeniería sísmica distinta a la vigente hasta ese entonces en el país, enfocándose en dos aspectos fundamentales: el aislamiento sísmico, que con grandes rodillos de gomas y disipadores de energía, especie de amortiguadores que disipan la vibración, separa las estructuras del suelo.

A mediados de los años noventa, el investigador obtuvo fondos concursables del Estado para comenzar su investigación, lo que llevó a desarrollar más de treinta patentes de invención y a constituir la empresa en el año 2003.

Hoy se puede ver aplicado el resultado de años de investigación. Estos amortiguadores se han implementado con éxito en importantes hospitales y edificios en Chile, e incluso han comenzado a exportarse a otros países, como Perú y Nueva Zelanda.

Esta tecnología cambió la vida de miles de personas, la tornó más segura, y ahora se está en la búsqueda de hacerla más económica para llegar a todos los rincones del mundo donde se necesite aislación sísmica. Esta, sin duda, es ciencia que cambia vidas para siempre (J. de la Llera, comunicación personal, 2020).

Síndrome de Morquio

Las enfermedades huérfanas son un gran problema para pacientes, sus familias y la sociedad en general, ya que suelen llevar a condiciones físicas y emocionales que afectan completamente la calidad de vida de las personas que las padecen. Estas enfermedades normalmente no son de interés por parte de los gobiernos o las grandes farmacéuticas, porque el tamaño de la población afectada por cada condición no es significativa en comparación a otras enfermedades, lo que las hace económicamente inviables o de bajo interés.

A pesar de esto, investigadores agrupados en el Instituto de Errores Innatos del Metabolismo de la Pontificia Universidad Javeriana de Colombia, tienen como foco principal el desarrollo de terapias y diagnósticos para un grupo específico de enfermedades raras, los errores innatos del metabolismo.

Uno de los investigadores líderes es Carlos Javier Almeciga, quien con su trayectoría investigativa se ha convertido en uno de los líderes en este campo por lograr innovaciones relevantes en errores innatos del metabolismo. Carlos Javier es químico farmacéutico y doctor en ciencias biológicas, cuenta con experiencia en biotecnología aplicada al área de salud, tecnologías relacionadas con ADN y proteínas para estrategia terapéutica para terapia génica, especialmente para errores innatos del metabolismo.

El doctor Almeciga, durante la etapa final de su formación doctoral, participó en una investigación en St. Louis University en Estados Unidos, que lo llevó a desarrollar una terapia alternativa para el síndrome de Morquio A, también conocido como la mucopolisacaridosis tipo IV A. El síndrome de Morquio toma su nombre del pediatra uruguayo Luis Morquio, quien en 1929 describió a una familia con cuatro niños afectados por la misma enfermedad (Sawamoto *et al.*, 2018). Dicha patología es una afección rara que genera un daño en la información genética del paciente, que lleva a la producción deficiente de una proteína necesaria para descomponer unas moléculas de azúcares complejos denominados glicosaminoglicanos (Khan *et al.*, 2017). Esta deficiencia genera malformaciones físicas, como poca estatura y alteraciones esqueléticas.

Junto al grupo de investigaciones de St. Louis University, el doctor Alméciga desarrolló un método basado en terapia génica, que permite llevar de manera más eficiente a hueso el material genético empleado para corregir la enfermedad. Lo más interesante de esta tecnología es que podría ser empleada para corregir la alteración genética en otras enfermedades con alteraciones esqueléticas. Esta tecnología fue protegida por patente inscrita a nombre de la universidad colombiana y de Estados Unidos, y unos años después una empresa de base tecnológica en los Estados Unidos licenció la tecnología para emplearla en el desarrollo de terapias para enfermedades raras.

Adicionalmente, el Instituto de Errores Innatos del Metabolismo desarrolló y transfirió al Hospital Universitario San Ignacio, en Colombia, una seríe de metodologías empleadas en el diagnóstico de errores innatos del metabolismo, en el año 2009. Esto se logró haciendo una adaptación de pruebas que existían a nivel internacional a la población y condiciones tecnológicas colombianas. Con los créditos generados por estas transferencias, el Instituto de Errores Innatos ha generado un modelo de negocio sostenible que ha dado pie a un circulo virtuoso que le permite continuar desarrollando investigaciones e innovaciones con tecnologías de punta en la región (C. Alméciga, S Cuellar, D. Díaz, comunicación personal, 2020).

Sistema de desalinización de agua de mar

Uno de los estragos que ha causado el cambio climático, sumado al aumento significativo de la población mundial, es la escasez hídrica. Tanto es el problema, que ya se está hablando del agua como el oro azul.

En este contexto, en Chile, luego del terremoto del 27 de febrero de 2010, se comenzó a gestar un proyecto para poder obtener agua potable a partir de agua de mar. La tecnología había sido patentada en 2016, y basaba su principio en un proceso destinado a la obtención de agua para consumo humano e industrial, y para regadío, a partir de agua de mar, aguas salobres o con alto contenido de hierro, magnesio y metales pesados. El proyecto fue liderado por Rodrigo Bórquez, ingeniero civil químico y doctor en Ciencias de la Ingeniería de la Universität Karlsruhe de Alemania y académico de la Facultad de Ingeniería de la Universidad de Concepción.

El sistema destaca por requerir condiciones operativas a presiones más bajas que las que se utilizan en las plantas convencionales de osmosis inversa, lo que reduce significativamente los costos en las etapas de inversión y operación, representando una alternativa viable para abastecer de agua potable a zonas costeras, y cumpliendo con las normas chilenas de calidad del agua.

Tras los resultados de las experiencias piloto, la tecnología se implementó en la comuna de Arauco en abril de 2019, gracias al financiamiento del gobierno local, complementando así el abastecimiento de agua potable de las 375 familias de esa localidad.

La tecnología se ha implementado en diferentes localidades del país, facilitando el acceso a este vital elemento a cientos de chilenos (S. Araya, comunicación personal, 2020).

Mallas de fotoselectividad combinada

El "golpe de sol" en la fruta, debido al exceso de radiación solar y altas temperaturas, causa importantes pérdidas económicas a la industria frutícola. Para resolver este problema, Richard Bastías, ingeniero agrónomo y doctor en Fruit Trees & AgroEcosystem de Alma Mater Studiorum – Universita Di Bologna, y académico de la Facultad de Agronomía de la Universidad de Concepción, desarrolló la tecnología "Mallas de Fotoselectividad Combinada", que otorga mayor efectividad en el control de daño en frutas ocasionado por el sol.

Esta malla fue diseñada utilizando como base un modelo matemático que se desarrolló como resultado de la investigación, y que permitió definir una configuración específica desde el punto de vista de color y trenzado de la malla. Esta logra modificar el espectro de la radiación y transmitirla selectivamente, generando beneficios en las plantaciones que se cubren con estas mallas, principalmente frutícolas. Lo anterior, sin sacrificar el rendimiento del huerto ni la coloración de la fruta; por el contrario, el mejor uso de la luz favorece el desarrollo del color y el crecimiento floral y del fruto. La efectividad de la malla, observada en distintas variedades de manzana, se aprecia en la diferencia entre el porcentaje de frutas con daño en campos con y sin malla, notando una disminución de entre el 61% y el 95%, con lo que los productores pueden evitar millonarias pérdidas por factores climáticos, obteniendo al mismo tiempo productos de un mayor valor comercial. El desarrollo solicitó una patente de invención en 2016 y posteriormente se transfirió a la empresa chilena Delsantek, que introdujo este producto en el mercado chileno en el año 2017. En 2019 se transfirió la tecnología a la empresa mexicana Giddings, expandiendo su uso en más de 200 hectáreas de berries ubicadas en campos del estado de Michoacán, en México, y con plan de aplicación en otros cultivos.

La tecnología se ha implementado en diferentes países de la región y busca su expansión a nivel mundial (S. Araya, comunicación personal, 2020).

Fertilidad asistida

La infertilidad afecta aproximadamente al 15% de las parejas a nivel mundial, lo que equivale a 48,5 millones de ellas, alcanzando en el hombre el 50%. Sin embargo, es difícil precisar esto, por falta de datos específicos por país (Agarwal *et al.*, 2012). La evidencia muestra que la tasa de infertilidad mundial va en aumento, estimándose sobre el 17% de la población mundial. El 40% de los casos se debe a causas en el hombre, 40% en la mujer y otro 20% a razones desconocidas.

Raúl Sánchez Gutiérrez, médico ginecólogo doctorado en andrología y especialista en medicina reproductiva, por su experiencia atendiendo a parejas con dificultades para convertirse en padres, entendiendo la desesperanza y tristeza al no conseguirlo y muchas veces no contando con altos recursos económicos para probar otras técnicas, se propuso modificar las técnicas disponibles para que fuesen simples y económicas, con el fin de realizarlas en cualquier laboratorio, tanto en Chile como en toda América Latina.

Los métodos desarrollados no asépticos, convencionales, comprenden en su mayoría la vitrificación del semen por contacto directo con nitrógeno líquido. La recuperación de motilidad post-desvitrificación utilizando dichos métodos no asépticos es del orden del 20% al 30%, por lo que se hace compleja la inseminación y por ende el embarazo.

En el año 2006, el doctor Sánchez, con el apoyo de la Universidad de la Frontera de Chile, postuló a fondos gubernamentales para la investigación. Sin embargo, las agencias estatales decidieron no concederlos, por considerar que era un proyecto que requería más desarrollo y que era muy simple para un problema a nivel mundial, y por parecer que requería más investigación que desarrollo.

Aun así, el proyecto siguió adelante y se logró la vitrificación aséptica de pajuelas (VAP), que permite seleccionar espermatozoides que conserven su función, pudiendo almacenarlos y obtener un número suficiente para hacer inseminaciones intrauterinas, con lo cual se alcanzaba una alternativa viable para parejas con infertilidad. El resultado fue desarrollado por el doctor Raúl Sánchez Gutiérrez, la doctora Mabel Schulz, la investigadora Jennie Risopatrón, junto a los investigadores internacionales, que eran colaboradores independientes: el doctor Vladimir Isachenko y la doctora Eugenia Isachenko, quienes probaron la metodología y comprobaron que se lograba sobrevida y funcionalidad espermática, postdesvitrificación.

La metodología VITRISPERM® o VAP es mejor que las alternativas convencionales de preservación en cuanto a la forma de vitrificar. Proporciona una efectividad sobre el 80% de la supervivencia del esperma humano, protege el material genético y reemplaza el uso del nitrógeno para el almacenamiento, lo que la hace una metodología que puede implementarse en cualquier banco de espermatozoides o de fertilidad. Esta metodología fue probada y en 2011 nació el primer niño en Temuco, a través la alianza con el doctor Juan Álvarez, de la empresa ANDROGEN de España. La tecnología fue licenciada por la oficina de transferencia tecnológica de la Universidad de la Frontera a BIOKIBANK en España.

Esta metodología funciona y da esperanza a miles de parejas que desean hacer realidad su sueño de convertirse en madres y padres, aun cuando hayan decidido postergarlo a edades por sobre los 40 años. Se espera que también se disponga de esta metodología en Alemania, Dinamarca, España, Francia, Italia y Reino Unido, así como en EE.UU. y el resto del mundo que lo necesite (F. Vásquez, comunicación personal, 2020).

Purificador de agua

El investigador Roland Vetter, doctor en Botánica Forestal, investigador jefe del Instituto Nacional de Investigaciones de la Amazonía (INPA), desarrolló una tecnología denominada "Secador solar", que es un dispositivo para secar la madera utilizando energía solar. La idea surgió para atender las necesidades de diversas comunidades, que no contaban con electricidad y, por otra parte, buscaba reemplazar los secadores de madera convencionales que consumían mucha energía. En 2005, al visitar una comunidad indígena en el munícipio de Itamarati, con el objetivo de presentar la tecnología, se sorprendió al ver la necesidad de la comunidad por mejorar la calidad del agua, ya que muchos niños y ancianos estaban experimentando problemas de salud como diarrea y cólera, debido a contaminación del agua de los arroyos y ríos utilizados por la comunidad. A partir de esta demanda, el investigador y su equipo buscaron alternativas para desinfectar el agua, utilizando la tecnología del "secador solar". El resultado fue el diseño de un purificador de agua basado en energía solar.

En 2009, esta tecnología fue finalizada y denominada "Água Box", protegida por patente de modelo de utilidad, cuyo titular es el INPA y el inventor Dr. Roland Vetter. El depurador de agua es una caja metálica de 13 kilos, que funciona con una bomba de agua y dos paneles solares de 90 Watts cada uno, que bombea el agua del río a un depósito de agua. El agua contaminada pasa por un filtro y luego por un tubo de acero inoxidable con una lámpara ultravioleta tipo C, que elimina el ADN (ácido desoxirribonucleico) de los microorganismos, causantes de enfermedades intestinales. Después de estos procesos, el agua es potable, libre de gérmenes y lista para el consumo. La lámpara y la batería duran unas 10.000 horas, es decir, de tres a cuatro años. El depurador elimina el 99,5% de bacterias, hongos y coliformes fecales del agua del río mediante una lámpara ultravioleta C, los rayos más peligrosos de la radiación ultravioleta. Unido a un panel solar y al tanque de agua de las comunidades, el depurador filtra 400 litros por hora, es decir, 5.000 litros por día, suficiente para proporcionar agua limpia para beber y cocinar a 300 personas. El precio del sistema es de alrededor de US$450, incluido el panel solar y el filtro de entrada.

La "Caja de Água" se implementó en comunidades ribereñas de la Amazonía, en los pueblos indígenas Deni y Yanomamis, y en Nampula, una región de Mozambique, en África.

Entre 2012 y 2017, el INPA licenció la tecnología a la empresa de Manaus, Q'Luz EcoEnergia, y pasó a denominarse "Ecolágua", siendo la primera tecnología de la Institución en traer regalías al investigador del Instituto Nacional de Investigaciones en la Amazonía.

En 2015, INPA se asoció con el Ejército para desarrollar un proyecto llamado "Hombre Água", que consistía en crear un modelo más compacto del purificador de agua que cabía en una mochila. La versión adaptada pesa aproximadamente ocho kilos y tiene la capacidad de depurar hasta 300 litros por hora. Lo que mejora la salubridad de los militares, al evitar el uso de una pastilla de cloro para depurar el líquido y aumentar la disponibilidad de agua para los militares, que antes utilizaban solo una cantimplora con capacidad de 1,5 litros de agua.

En 2017, la patente fue concedida y en 2020, la tecnología fue licenciada a una nueva empresa.

Diagnóstico de tuberculosis en bovinos

La industria de carnes y lácteos cuenta con altos estándares de manejo y reglamentaciones sanitarias, la cual busca certificar tanto la calidad de los productos como el manejo sanitario de los animales. A la vez, la tuberculosis bovina es una de las principales afecciones a las que está expuesto el ganado, causando un gran daño económico al reducir la eficiencia en la producción.

En Chile, es obligatoria la certificación de ausencia de la enfermedad mediante la observación de lesiones sospechosas encontradas en plantas que faenan la carne. Además, se requiere contar con un diagnóstico acelerado confirmatorio, con la finalidad de trazar los rebaños infectados e iniciar acciones de saneamiento oportunas. Con esta oportunidad a la vista, la doctora en bioquímica y biologia molecular, Ana María Zárraga, académica de la Facultad de Ciencias, y el investigador, bioquímico y doctor en Ciencias y postdoctorado, Germán Rehren, ambos de la Universidad Austral de Chile (UACh), desarrollaron un kit de reacción en cadena de la polimerasa –conocida como PCR por sus siglas en inglés– en tiempo real para *Mycobacterium bovis*, patógeno que causa tuberculosis en bovinos, animales domésticos y silvestres, y en humanos, llamado Boviman.

La detección mediante el uso de Boviman demora solo 3 horas, comparado con la detección mediante cultivo, que toma 60 días. Además, confirma la presencia de tuberculosis con 95% de sensibilidad y 97% de especificidad.

La investigación se desarrolló gracias al financiamiento del Estado de Chile y contó con el apoyo de la empresa Biosonda, la Asociación Gremial de Leche de Biobío, mataderos Frigosor Ñuble y profesionales veterinarios del Programa de Tuberculosis del Servicio Agrícola Ganadero (SAG), entidad estatal encargada del desarrollo de la agricultura, los bosques y la ganadería mediante la protección y mejoramiento de la salud de los animales y vegetales. Consiguió, además de la generación del kit PCR en tiempo real, la generación de un mapa de distribución nacional de las variantes genéticas del patógeno para trazar rutas de diseminación de la enfermedad, lo que ha contribuido a validar el kit entre estas variantes.

El kit se transformó en la prueba oficial para la vigilancia de tuberculosis en Chile, validado por el SAG, y ha permitido contar con un diagnóstico acelerado confirmatorio de BTB en lesiones sospechosas encontradas en plantas faenadoras de carne y certificar rebaños libres de BTB, requisito exigido por el mercado internacional de lácteos y carnes. Su uso ha sido clave en programas de erradicación, ya que permite trazar los rebaños infectados e iniciar acciones de saneamiento oportunas para así reducir el daño económico y disminuir los problemas que la tuberculosis bovina causa en la producción.

Boviman® obtuvo el Premio Nacional a la Innovación Avonni en Categoría Salud el año 2012. La tecnología tiene marca registrada y cuenta con patentes de invención concedidas en Chile, México y Argentina.

El kit inició su comercialización el año 2006, en una primera etapa, directamente desde la Universidad Austral de Chile al SAG hasta que, el año 2008, la Universidad firmó un acuerdo con la empresa Roche Chile Limitada para que se hicieran cargo de la venta. Luego de cinco años, la Universidad decidió dar término al contrato con Roche para entregar la comercialización a la *spin off* que formaron los inventores del kit, dicho *spin off* no llegó tener actividad comercial, por lo que la Universidad Austral siguió vendiendo el kit directamente, principalmente al SAG.

Luego de esto, y liderado por la oficina de transferencia tecnológica de la misma universidad, en marzo del 2019 se firmó un contrato de licencia con la empresa Biotecom SpA, la que desde ese entonces ha comercializado la tecnología en todo el país (G. Rehren, comunicación personal, 2020).

Medicina de precisión en diagnóstico de nódulos de la tiroides

Según datos del Ministerio de Salud de Chile, uno de cada cuatro chilenos sufre de alguna alteración de la función tiroidea, siendo la formación de nódulos una de las principales afecciones. Los nódulos en la glándula tiroidea pueden detectarse en hasta el 50% de la población adulta y bajo ciertos criterios clínicos, requiriéndose la evaluación de la naturaleza del nódulo para determinar si es patología benigna o maligna.

El método estándar para determinar la naturaleza de un nódulo tiroideo es la evaluación citológica de una muestra obtenida por punción con aguja fina (PAF). Una limitación de la PAF es que aproximadamente uno de cada cinco casos es informado como indeterminado. Dado que el 25% de las PAF indeterminadas son malignas, en muchos casos la incertidumbre se resuelve extirpando la tiroides, lo que permite resolver en forma definitiva el diagnóstico. Como resultado, en un 75% de los casos indeterminados operados, la cirugía se realiza en forma innecesaria. Esto expone a muchos pacientes a los riesgos y altos costos de la cirugía, además de generar dependencia de por vida a la suplementación hormonal.

Este problema clínico motivó a investigadores de la Pontificia Universidad Católica de Chile, a través del Consorcio Tecnológico en Biomedicina Clínico-Molecular (BRMC), a desarrollar una nueva herramienta que permite optimizar diagnósticos en pacientes con nódulos tiroideos indeterminados. Es así como un equipo multidisciplinario liderado por el cirujano oncólogo Hernán González desarrolló ThyroidPrint, un test basado en la integración del análisis de diez marcadores genéticos de una muestra de PAF e inteligencia artificial, que permite predecir con 95% de exactitud qué pacientes con PAF indeterminado tienen un nódulo benigno y pueden evitar la cirugía innecesaria.

El año 2012, el doctor González fundó GeneproDx. Esta *startup* licenció los derechos de ThyroidPrint y, tras levantar más de 8 millones de dólares de capital de riesgo y seis años de I+D, logró validar clínicamente ThyroidPrint en un ensayo clínico multicéntrico realizado en Chile y los Estados Unidos, que reclutó a más de 4.000 pacientes.

En 2018, GeneproDx lanzó ThyroidPrint al mercado latinoamericano como un servicio centralizado. Hasta julio de 2020 se habían realizado los diagnósticos de más de 260 personas, entre las cuales se evitó la cirugía a más del 70% de los casos, generando un gran impacto en la calidad de vida de estos pacientes. Además, la simplicidad tecnológica del test permitió que fuera un 70% más económico que sus competidores y que los costos en salud de estos pacientes se redujeran en más de 40%.

A inicios del 2020, GeneproDx firmó un acuerdo con la empresa multinacional de diagnóstico molecular Biocartis para el codesarrollo de una nueva versión de ThyroidPrint en un formato de un *kit* que permite realizar el test en cualquier laboratorio del mundo en solo dos horas. Esto posicionará a GeneproDx como la primera empresa en el mundo en contar con un *kit* para nódulos indeterminados con acceso al mercado global (H. González, comunicación personal, 2020).

Proceso de ideación

Technology push **versus** ***demand pull***

Según Brem & Voigt, (2009), las ideas que se pueden transformar en innovación basada en ciencia pueden provenir de dos fuentes. Una de ellas es la necesidad del mercado denominado en inglés como "*market pull*" o "*demand pull*", lo que quiere decir que son las empresas las que dirán qué es lo que se requiere. La otra fuente es la curiosidad científica, denominada en inglés como "*technology push*", según la cual serán los investigadores quienes tomarán la decisión de en qué investigar, según de lo que ellos creen necesario.

Entonces, se denomina "*market pull*" o "*demand pull*" –continúan los autores– al mecanismo desde el cual surgen aquellas ideas que se transformarán en desarrollos tecnológicos, cuyo origen es manifestado como una necesidad de la empresa o del mercado en general. Con esta necesidad, las organizaciones de I+D, como universidades y centros de investigación, comienzan el desarrollo científico para crear una solución para esta demanda, que puede ser particular o general, es decir, resolver un problema específico de una empresa en particular o resolver un problema general de una industria.

Por otra parte, aquellas denominadas como "*technology push*" son las que surgen de procesos intelectuales dentro de las organizaciones de I+D, sin que necesariamente haya claridad sobre la necesidad del mercado; es decir, surgen desde una insatisfacción o curiosidad científica del investigador, y luego el objetivo es comercializar el nuevo bien o servicio (Brem & Voigt, 2009).

Afortunadamente, la realidad no es tan en blanco o negro. En general, se da una combinación entre ambos mecanismos, a partir de lo cual surgen estas ideas. Atrás quedó la época de los "Eureka", la célebre expresión de Arquímides, el matemático griego que la pronunció después de descubrir que el volumen de agua que asciende es igual al volumen del cuerpo sumergido, lo que lo habría llevado a resolver el problema de medir el volumen de cuerpos irregulares. Desde entonces, esta frase se utilizaba para celebrar un descubrimiento o un hallazgo muy significativo. Cuando se habla de desarrollo tecnológico, los investigadores están relacionados con su entorno, ya sea a través de congresos y conferencias científicas, o también en diálogo con la industria, por lo que es difícil hacer desarrollos encerrados en un laboratorio y gritar "Eureka" por encontrar una idea maravillosa sobre la cual investigar.

Por otro lado, las empresas no siempre tienen claridad de sus problemas y, dependiendo de los países, no siempre tienen la visión, la voluntad o el financiamiento para acercarse a las organizaciones de I+D y solicitar desarrollos específicos. Por lo tanto, este acercamiento ocurre, generalmente, por voluntad de ambas partes y con una combinación de "Eureka" y requerimientos de la industria.

Sin duda, ambos mecanismos tienen ciertas deficiencias y limitaciones. En el caso del "*technology push*", existe el riesgo de comenzar a investigar con aquello que sea más fácil para el investigador, desarrollar soluciones para necesidades de poco interés para la sociedad o el mercado, y también centrarse en un único desarrollo técnico como solución para un problema específico. Por otra parte, el "*demand pull*" puede enfocarse en aquellas necesidades acotadas, que se identifican fácilmente pero que tienen un potencial o impacto menor.

Según Ameka (2013), uno de los aspectos que influye fuertemente en el desarrollo de innovación basado en ciencia es la proactividad del sector empresarial para vincularse con organizaciones de I+D, manifestando sus necesidades de desarrollo y, a su vez, para saber cuáles son los riesgos que están disponibles a tomar en esta carrera por el desarrollo de innovaciones. En ese sentido, el éxito de un nuevo bien o servicio que se origine de un proceso de I+D depende de la sintonía y el direccionamiento que haya ente el "*demand pull*" y el "*technology push*". Para lograrla, la capacidad de relacionarse o vincularse, o *networking* por su denominación en inglés, es reconocida como la clave esencial del factor de éxito.

Bootleg Research

Otro concepto relevante a considerar en el surgimiento de ideas es el denominado "Bootleg Research", que se refiere a una forma de desarrollar una idea dentro de una organización, sin autorización formal, sin consentimiento, o en contra de lo establecido por la organización, lo que afecta principalmente a empresas.

Según lo plateado por Criscuolo *et al.* (2014) en su investigación sobre "*bootlegging*", las organizaciones a menudo tienen que lidiar con encontrar un equilibrio entre permitir a sus colaboradores, específicamente aquellos dedicados a I+D, la suficiente flexibilidad y la autonomía para explorar lo "nuevo" e "inusual", y mantenerlos controlados para asegurar que sus esfuerzos innovadores estén alineados con las estrategias, objetivos y prioridades de la empresa. En los casos en donde existan muchas restricciones, los individuos pueden buscar aumentar su autonomía, tomando parte de su trabajo "clandestinamente". Estas actividades clandestinas se describen como "*bootlegging*".

Según Augsdorfer (2005), el *bootlegging* se define como el proceso mediante el cual las personas toman la iniciativa de trabajar en ideas que no tienen un respaldo formal de la organización y que a menudo están ocultas a la vista de la alta gerencia, pero se llevan a cabo con el objetivo de producir innovaciones que beneficien a la misma empresa. En este contexto, el *bootlegging* es un vehículo que permite a los investigadores lograr una mayor autonomía para definir sus agendas de investigación y sus objetivos en entornos donde esto no se otorga formalmente (Criscuolo *et al.*, 2014).

El autor continúa sosteniendo que en el caso de las empresas y de las organizaciones de I+D que tienen focos de desarrollo específicos, las reglas y procedimientos formales pueden limitar la flexibilidad y la creatividad requeridas para explorar nuevas y valiosas oportunidades y limitar el alcance de la experimentación. Sin embargo, el deseo de garantizar la autonomía en la búsqueda de nuevas ideas y el desarrollo de innovaciones, debe equilibrarse con un nivel de responsabilidad sobre los roles asignados a los colaboradores involucrados.

Dos tipos de autonomía son particularmente relevantes: autonomía operacional y autonomía estratégica. Debido a que la organización típica de I+D se caracteriza por contar con personas altamente calificadas que trabajan en proyectos complejos y difíciles, es común que quienes hacen investigación tengan altos niveles de autonomía operativa en su trabajo. Sin embargo, solo algunas organizaciones otorgan formalmente un grado de autonomía estratégica que brinda a los equipos de investigación la oportunidad de definir sus propias agendas y objetivos de investigación, y establecer la dirección general de sus proyectos (Criscuolo *et al.*, 2014). Si bien es cierto esto ocurre mayoritariamente en universidades, que por lo general tienen el principio de libertad de investigación, también hay algunas empresas, como Google, donde los desarrolladores pueden dedicar el 10% de su tiempo a investigar cosas fuera de su agenda de investigación.

A diferencia de estos casos particulares, como resultado de las restricciones impuestas por las organizaciones, los investigadores pueden recurrir a métodos informales para obtener una mayor autonomía estratégica, participando secretamente en esfuerzos de innovación no programados (Criscuolo *et al.*, 2014). En este sentido, el *bootlegging* surge como un proceso continuo incremental de aprendizaje de prueba y error en I+D, y su incertidumbre no es mejor o peor que la de I+D "autorizada" (Augsdorfer, 2005), aunque esta práctica muchas veces surge debido a que la idea es difícil de justificar y bastante arriesgada a ojos de la organización.

El valor de la investigación de *bootleg* para una empresa puede ser tangible e intangible. Mientras que los resultados tangibles de la investigación tienen claros beneficios económicos en términos de mayores ganancias para la compañía, los beneficios intangibles consisten en que, por un lado, aumentan la base de conocimiento tecnológico a través de la construcción de competencias y, por otro, los equipos de investigación se mantienen motivados (Augsdorfer, 2005).

El estudio señala que en la etapa inicial de la actividad innovadora existe muy poca diferencia entre los proyectos de *bootlegging* y los proyectos "autorizados". Los primeros pasos de la investigación generalmente consisten en la recopilación de datos, ya sea en forma de pequeños experimentos o revisiones de la literatura. Donde sí hay una diferencia, es en que el *bootlegging* representa un bajo nivel de incertidumbre en cuanto a recursos, ya que la investigación ocasiona solo costos menores adicionales en términos de consumo de tiempo y costo de herramientas, materiales y equipos, pues estos a menudo están ya disponibles en el laboratorio.

En resumen, los gerentes que temen perder el control pueden estar seguros de que no hay nada que temer. Las ideas no se desarrollan por accidente o de forma aislada. Las nuevas ideas están de alguna manera relacionadas con lo que los investigadores ya saben (Augsdorfer, 2005).

Existen múltiples ejemplos que demuestran que esta práctica ha significado grandes beneficios para la organización, y por supuesto, muchos dan cuenta de que ha sido un rotundo fracaso y una pérdida de recursos importantes.

El contexto histórico y las políticas de apoyo

Estados Unidos

Si bien la historia de transferencia tecnológica en Estados Unidos tiene una larga data, lo cierto es que en los años ochenta se genera un fuerte impulso. En esta década, el Congreso aprobó la legislación histórica que rige la transferencia de tecnología universitaria llamada Ley de patentes y enmiendas derecho de marcas, más conocida como la Ley Bayh-Dole, impulsada por los senadores Birch Bayh, de Indiana, y Bob Dole, de Kansas. Dicha ley cambió drásticamente los incentivos para que las universidades y las empresas se involucren en la transferencia de tecnología universitaria, y simplificó el proceso de comercialización mediante el establecimiento de una política de patentes uniforme y la eliminación de muchas restricciones a la licencia de tecnologías financiadas por el gobierno federal. Más importante aun, permitió a las universidades ser dueñas de las patentes que surgían de los subsidios de investigación federales, lo que hasta esa fecha no se permitía. Se considera que esta ley no solo transformó el sistema de innovación basado en ciencia en Estados Unidos, sino que también fue la base jurisprudencial que ha permitido que beneficiarios de fondos estatales para actividades de I+D tengan derecho a patentar invenciones y conceder licencias, incentivando fuertemente la vinculación universidad-industria, y facilitando la llegada al mercado de bienes y servicios basados en resultados de investigación (Albert *et al.*, 2015).

Con dicha ley, dicen los autores, se incentivó a las universidades a comenzar a crear unidades encargadas de responder a la necesidad de gestionar el proceso de transferencia de manera formal, con incentivos y políticas claras, generando vínculos de largo plazo con la industria y el sector público. La mayoría de las universidades que desarrollan investigación, tienen oficinas de transferencia tecnológica conocidas también como oficinas de transferencia y licenciamiento, y cada vez más las universidades comienzan a ser motores del crecimiento económico y del desarrollo local y regional, a través de la comercialización de su propiedad intelectual.

Aunque los efectos de la Ley Bayh-Dole sobre el aumento de patentes están lejos de ser definitivos y concluyentes, las universidades y otras organizaciones públicas de investigación protegen cada vez más sus invenciones, las que van desde desarrollos genéticos hasta programas de *software*, con la expectativa de generar fondos adicionales para la investigación y financiar parte de la actividad universitaria. Por ejemplo, antes de 1981, menos de 250 patentes eran solicitadas por las universidades cada año. Un poco más de una década después, se solicitaban casi 1.600 patentes cada año (Henderson *et al.*, 1998; Shane, 2004). Otro de los datos relevantes relacionados con las patentes es que entre 1993 y 2000 a las universidades de Estados Unidos se les concedieron aproximadamente 20.000 patentes. Durante ese período, algunas de estas patentes universitarias generaron millones de dólares en ingresos por licencias, y estimularon la creación de más de 3.000 nuevas empresas.

Según datos de la asociación de gestores tecnológicos universitarios, AUTM por su sigla en inglés, entre 1996 y 2017, la transferencia tecnológica en Estados Unidos ha apoyado la creación de cerca de seis millones de nuevos empleos, se han creado más de 13.000 empresas basadas en ciencia, y se ha contribuido con 865 billones de dólares al producto interno bruto del país (Atkins, 2009).

Dicha organización realiza encuestas anuales entre las organizaciones que son parte de la asociación, denominada *AUTM Licensing Survey*. Los resultados del año 2018, mostraron que 828 nuevos productos comerciales se lanzaron al mercado ese año. Adicionalmente, 1.080 nuevas empresas fueron creadas en 2018 (AUTM, 2017).

Europa

En Europa existen diferencias significativas en términos de la gestión de la propiedad intelectual de las universidades, aunque es posible encontrar cierta convergencia, según el estudio realizado por Siegel (2015). En el Reino Unido, por ejemplo, las universidades han fortalecido cada vez más sus derechos sobre la propiedad intelectual generada por sus académicos, mediante una normativa que considera la distribución de regalías asociadas entre quienes participaron en la creación de los resultados de investigación y las áreas de las universidades que participaron en el desarrollo.

El estudio plantea que en Alemania y Bélgica adoptaron la legislación tipo Bayh-Dole a fines de la década de los noventa, mientras que en Francia este tipo de regulación ya existía desde hacía algún tiempo. En Italia, los investigadores pertenecientes al sector público reciben el derecho de propiedad de sus desarrollos, pero en la mayoría de los casos las universidades realizan un contrato formal de manera individual para otorgar los derechos de propiedad intelectual a la universidad. En Suecia y Finlandia se están llevando a cabo discusiones para cambiar sus políticas y regirse por un modelo tipo Bayh-Dole más que por el modelo de propiedad del inventor.

Por otra parte, la mayoría de los países europeos ha cambiado su legislación para hacer posible y más atractivo para los investigadores y académicos asumir participación accionaria sobre empresas que se creen para desarrollar y explotar comercialmente sus resultados y para poder recibir regalías o ingresos, producto de la comercialización. En Francia, por ejemplo, antes de 1999 era ilegal que un académico asumiera participación accionaria sobre una empresa (Albert *et al.*, 2015).

El estudio agrega que, a diferencia de lo que ocurre en Estados Unidos, el nivel de actividad comercial en las universidades europeas es relativamente bajo en comparación con los altos niveles de rendimiento científico e inversión en investigación con los que cuentan. Este fenómeno se conoce como la "European Academic Paradox". En gran parte, esta toma de conciencia reflejó el reconocimiento por parte de los gobiernos de que, en algunos casos, colocar los resultados de la investigación financiada con fondos estatales en el dominio público no es suficiente para generar beneficios sociales y económicos de la investigación (OCDE 2003). Así, desde principios de 2000, muchos países europeos, como, por ejemplo, Austria, Dinamarca, Alemania y Noruega, han eliminado el llamado privilegio del profesor, que otorgaba a los académicos el derecho a poseer patentes. El derecho a la propiedad intelectual ahora se ha transferido a las universidades, mientras que los inventores académicos reciben una parte de los ingresos vía regalías, acorde al modelo Bayh Dole.

Latinoamérica

El caso de Latinoamérica es más reciente y diverso, ya que cada país ha vivido realidades diferentes. Por ejemplo, en Argentina, si bien es cierto las primeras actividades surgen en la década de los años ochenta, como punto de partida de la institucionalidad se considera la creación en los noventa de la unidad de vinculación tecnológica a nivel estatal, la cual fue pionera en la región latinoamericana. Más recientemente y a partir de la necesidad de diseñar y ejecutar una política integral de promoción de la vinculación y la transferencia tecnológica, se crean en el año 2013 las oficinas de vinculación tecnológica dentro de los centros científicos tecnológicos argentinos.

Estas oficinas tienen la finalidad de promover la explotación comercial de los resultados de las actividades de investigación, de transferencia y de servicios de ciencia y tecnología, así como realizar la gestión administrativa, el seguimiento y la evaluación, incluyendo los convenios celebrados entre el Consejo Nacional de Investigaciones Científicas y Técnicas, CONICET y sus contrapartes (*Oficinas de Vinculación*, n.d.).

En 1981, en Brasil se comenzó a diseñar los Nucleos de Innovación Tecnológica, NITs, con el objetivo de mejorar los vínculos entre academia e industria y, pese a los esfuerzos estatales, la iniciativa se suspendió a fines de la década de los ochenta (Santos, 2016). En la mísma década, comenzaron las actividades del Programa de Apoyo para el Desarrollo Científico y Tecnológico, PADCT, vinculado al Ministerio de Ciencia, Tecnología e Innovación del país, en cuyas áreas de acción está incluida la propiedad industrial. En 1998 comenzó un debate sobre la importancia de la propiedad intelectual para el desarrollo económico de Brasil, particularmente en relación con la internacionalización de la economía. En esa década, la falta de una legislación nacional que contemplara y guiara las acciones de esta área en desarrollo fue evidente ya que los Centros de Innovación Tecnológica, TIC, recibieron diferentes nombres y divergieron en acciones que estaban totalmente desenfocadas. Esta situación fue crucial para la creación de la Ley de Innovación Nacional de Brasil en 2004 (Chais *et al.*, 2017).

La Ley de Innovación de 2004, definió TIC como un Centro de Innovación Tecnológica cuyo objetivo es gestionar la política de innovación, monitorear los procesos de desarrollo desde la investigación hasta la innovación, y promover asociaciones entre universidades y empresas. Con este impulso, en 2006 se creó el Foro de Gestores de Innovación y Transferencia de Tecnología, FORTEC, por sus siglas en portugués, con el objetivo de compartir experiencias y buenas prácticas de gestión, impulsar la formación y cualificación de profesionales en materias de propiedad intelectual y la transferencia de tecnología (Santos, 2016). Las actividades vinculadas a las TICs en las universidades se relacionan con la atención a la política institucional y el incentivo con respecto a la cultura de innovación a través de la protección de propiedad intelectual, licencias de patentes, gestión de acuerdos de transferencia de tecnología, interacción entre universidades y empresas, organización de eventos que promueven y crean un entorno propicio para la difusión de la innovación en la universidad, y asistencia a investigadores en la recaudación de fondos para la innovación, entre otras actividades. Nuevamente la Ley Bayh-Dole inspiró la Ley de Innovación de 2004 en Brasil (Chais *et al.*, 2017).

En el caso de Chile, la historia es más reciente aun. Si bien es cierto que el país cuenta con una ley de propiedad intelectual que data de los años setenta, recién a principios de este siglo algunas universidades comenzaron a crear unidades encargadas de gestionar la propiedad intelectual y la transferencia tecnológica.

En el país, los esfuerzos por impulsar la transferencia tecnológica fueron generados por el Estado, y es así como a comienzos de los años dos mil se realizaron las primeras tentativas de crear institucionalidad y comenzar el proceso de formación de personas que serían las encargadas de gestionar las oficinas de transferencia en los siguientes años. Comenzada la segunda década, la agencia estatal encargada del fomento a la innovación y el emprendimiento, dependiente del Ministerio de Economía, denominada Corporación de Fomento de la Producción, CORFO, lanzó un financiamiento para la creación y el fortalecimiento de capacidades de comercialización y transferencia tecnológica dentro de las instituciones, y en este contexto convocó al primer concurso para fortalecer Oficinas de Transferencia y Licenciamiento de universidades y centros científico-tecnológicos nacionales. En un inicio se apoyó a más de veinte instituciones, las que desarrollaron nuevas políticas, procedimientos y regulaciones de propiedad intelectual, aumentaron sus redes de contacto y formaron capacidades internas.

Durante el año 2012 se crea la "Red de Gestores Tecnológicos de Chile", una corporación de derecho privado sin fines de lucro, constituida por profesionales que trabajan en universidades y centros científico-tecnológicos en temáticas relacionadas con la transferencia tecnológica, cuyo objetivo es vincularse y relevar la importancia de la transferencia tecnológica en el país.

Además de los programas del Ministerio de Economía, en 2012, el Ministerio de Educación creó programas de financiamiento para incentivar la innovación basada en ciencia en las universidades chilenas, lo que aceleró y fortaleció el sistema.

CORFO ha continuado el apoyo a las oficinas de transferencia y licenciamiento del país, con el objetivo de apoyar su consolidación y posicionamiento dentro de la institución y hacia el exterior, y aumentar la cartera de iniciativas con potencial de mercado, incrementando de forma significativa el número de revelaciones de invención, contratos de I+D, licencias, consultorías e investigación colaborativa con empresas y otras entidades de I+D+i, tanto a nivel nacional como internacional.

En 2015, CORFO lanzó un nuevo instrumento que dio paso al nacimiento de los hub de transferencia tecnológica, cuyo objetivo es crear una entidad que agrupe a diversas universidades, en tamaño, especialización y ubicación geográfica, con la hipótesis de hacer más eficiente la gestión de transferencia tecnológica y escalamiento de resultados de I+D a través de la concentración de capacidades y capital humano altamente especializado, orientada hacia la creación de negocios en distintas industrias en mercados globales, con acceso a redes de apoyo a la internacionalización de los emprendimientos de base tecnológica.

Si bien es cierto que desde el año 2011 se han realizado esfuerzos importantes en la creación de capacidades de gestión tecnológica en las universidades y centros científico- tecnológicos, habiendo importantes avances institucionales en gestión de propiedad intelectual y formalización de procesos de transferencia tecnológica, solo recientemente ha comenzado a notarse un incremento en el número de patentes y licencias, y son todavía incipientes los resultados en contratos tecnológicos y creación de empresas de base tecnológica, debido a que se trata de procesos que toman tiempo de maduración.

Capítulo

2

Validación comercial

Aspectos relevantes de la validación comercial

Uno de los aspectos fundamentales para aumentar las posibilidades de que una invención o resultado de investigación llegue al mercado es poder la posibilidad de validarla comercialmente, es decir, verificar si efectivamente se está desarrollando una solución adecuada para un problema real. Con ese fin existen diferentes mecanismos, dependiendo del tipo de tecnología o del estado de avance del desarrollo, siendo lo más importante que este proceso se inicie en la etapa más temprana posible.

Lo primero que hay que validar es la "oportunidad". Este concepto también es conocido como "problema". Es decir, alguien, ya sea una persona natural o jurídica, tiene una necesidad específica que requiere solución. Para validar esta oportunidad, es importante conversar con usuarios y con clientes, ya sean intermedios o finales, y recoger la mayor cantidad de información posible, de manera de comprender y realizar un diagnóstico a cabalidad para poder enfocar u orientar la solución.

Existen múltiples formas de realizar estas validaciones. Una de ellas es la denominada validación de expertos, que consiste en realizar entrevistas con personas versadas en el área técnica, pero fundamentalmente en el área comercial. Esto se puede hacer reuniendo a un grupo de personas o teniendo reuniones o conversaciones telefónicas con cada una en forma individual. En general es preferible contactar a usuarios que se encuentren en procesos intermedios, es decir, a aquellos que facilitan que el bien o servicio llegue al usuario final. Esta recomendación es importante, ya que es muy complejo y costoso hacer entrevistas a usuarios finales en etapas tan tempranas, por el volumen de respuestas que se necesita para que sean representativas; o porque, dado lo temprano del desarrollo, puede ser mejor obtener mayor información del proceso o cadena de valor para llegar al usuario final. Lo importante de este proceso es escuchar las necesidades y, en función de eso, poder orientar o reorientar la potencial solución.

Según lo planteado por García *et al.* (2014), en un proceso de validación es muy importante entender realmente de qué manera los usuarios sufren o sienten un problema. Así lo sostiene el académico del MIT, Otto Scharmer, en su Teoría U: "Cuando escuches a tu potencial cliente, abre tu mente y no saques conclusiones apresuradas, ya que podrías juzgar la realidad con el mismo enfoque que lo has hecho siempre" (García *et al.*, 2014). A esto Scharmer le llama la voz del juicio. La segunda voz que aparece en este proceso es la del cinismo, "que hace que te protejas de la realidad observada para que los problemas no te afecten, y la tercera es la del miedo, que bloquea y limita tus posibilidades de creación. Ahora que sabes que existen estas tres voces, intenta omitirlas cuando escuches a tus potenciales clientes" (García *et al.*, 2014).

El mismo autor plantea que es muy importante tener conciencia de que los problemas son difíciles de identificar debido a dos factores: por un lado, su naturaleza, es decir, su complejidad, incertidumbre o ambigüedad; o por la manera en que se ven o enfocan, ya sea por sesgos, prejuicios, historia, ideología, preferencias, intereses o emociones, entre otros factores.

Finalmente, antes de comenzar con la validación con usuarios intermedios, es muy relevante levantar información de fuentes secundarias. Esto implica conseguir información que ya está organizada y analizada, obtenida de fuente primaria o de primera fuente, como son los casos de estudios de mercados, reportes, investigaciones, u otros, ya sean estos pagados o gratuitos, de manera de poder estar preparados y así obtener mejores resultados de la reunión con paneles expertos.

El segundo aspecto fundamental es validar la solución propuesta. Una vez que se haya identificado y comprendido más profundamente cuál es el problema, y ya se cuente con información suficiente, se debe continuar validando la posible solución. En este sentido, y continuando con los argumentos esgrimidos anteriormente, es conveniente continuar realizando la validación con los usuarios intermedios. En esta etapa es importante plantear las características técnicas, aspectos regulatorios y aquellas fases que puedan ser claves.

Al analizar la posible solución, uno de los principales desafíos a que se enfrentan quienes hacen investigación, es cómo pasar de la investigación a la comercialización. Como plantea (Sethi, 2016) el libro *Science to Start up*, los investigadores lo hacen por el bien de investigar y raramente su enfoque principal consiste en acelerar algo hacia el mercado. Su mayor motivación es, a menudo, publicar sus artículos en revistas científicas y obtener revisiones por pares y no por potenciales usuarios.

Es muy usual que en etapas tan tempranas no se tenga respuesta a todas las preguntas que puedan surgir. Pero es muy relevante hacérselas para tener claridad de cuánto se sabe y cuánto podría tardar en lograrse un producto comercializable. Este texto plantea algunas preguntas fundamentales para minimizar los riesgos de cualquier imprevisto que obstaculice o demore la comercialización, como, por ejemplo, ¿qué pasos se requieren para comenzar a trabajar en un piloto?, ¿alguno de los pasos requiere investigación fundamental, o más bien basta con desarrollar capacidad de fabricación?, ¿es replicable?, ¿existen normativas que regulen la fabricación? (Sethi, 2016).

Entonces, es importante entender que el proceso de validación comercial es iterativo, ya que fluctúa entre entender el problema, validando con quienes lo padezcan y acercarse a una solución factible, tanto técnica como comercialmente, para volver otra vez a entender el problema, hasta alcanzar la solución más adecuada.

Oportunidad de mercado

La oportunidad de mercado no se basa en el desarrollo tecnológico, sino más bien en cuáles son las aplicaciones de dicho desarrollo que pueden impactar en diferentes industrias y en diferentes clientes. En otras palabras, una oportunidad de mercado es cualquier combinación de aplicación y clientes, y el vínculo que se da entre estos se denomina necesidad (Gruber & Tal, 2017).

Los autores plantean que un conjunto variado de oportunidades de mercado es un activo en sí mismo, ya que aumenta las posibilidades de detectar la opción más prometedora. Identificar un conjunto de potenciales oportunidades de mercado permite elegir la opción más atractiva y, así, no perder el tiempo con oportunidades menos relevantes. Este proceso no es simple, sobre todo en aquellos desarrollos que tienen su origen en la curiosidad científica más que en la demanda del mercado.

Identificar posibles oportunidades de mercado es un proceso de descubrimiento que requiere preguntas, redes e, incluso, experimentar para comprender las diferentes necesidades de los clientes y cómo abordarlas. Para evaluarlas, es necesario analizar tanto su potencial de impactar en el mercado como los riesgos involucrados para que esto ocurra (Gruber & Tal, 2017).

El potencial de una oportunidad de mercado –continúan los autores– está conformado por tres factores principales: el primero es la razón convincente para comprar, conocida también como propuesta de valor, que se analizará más adelante; lo segundo es el tamaño de mercado, es decir qué tan grande es el segmento al que queremos apuntar el producto. Finalmente está la viabilidad económica, es decir, la probabilidad que existe de poder llevar a cabo el producto con éxito. Lo anterior permitirá comprender qué tan grande es la oportunidad y cuánto valor se puede crear.

Por otra parte, para analizar el riesgo, es necesario comprender qué tan desafiante será perseguir la oportunidad, cuáles son los obstáculos que hay por delante, los principales desafíos, y cuán difícil será superarlos y conquistar la oportunidad (Gruber & Tal, 2017).

Según los autores, para determinar una adecuada oportunidad de mercado también será necesario conocer el entorno de los clientes, comprender la cadena de valor y los competidores en el entorno del negocio, y entender los hitos claves de implementación que aún necesitan ser desarrollados para crear y entregar el producto. Debido a que pueden existir múltiples oportunidades, la selección del mercado será crucial para crear valor. Sin embargo, cabe mencionar lo dificultosa que puede llegar a ser esta fase, dada la incertidumbre que existe y los constantes cambios que sufre del entorno.

Por lo tanto, terminan los autores, una estrategia necesita un justo equilibrio entre focalizarse en la oportunidad detectada para el desarrollo tecnológico, y la flexibilidad para mantenerse conscientemente abiertos a otras opciones de mercado que podrían ser más adecuadas. Sin duda que el esfuerzo está en elegir la oportunidad de mercado, pero también es necesario ser flexible y estar disponible para explorar otras opciones.

El factor que será clave a la hora de analizar la oportunidad de mercado será el estar consciente de los riesgos existentes, lo que constituirá el primer paso para enfrentarlos.

Problema y solución

Los investigadores dedican mucho tiempo a encontrar la solución ideal. Sin embargo, cuando la encuentran, muchas veces ocurre que se trata de una solución perfecta para un problema que no existe.

Para definir bien el problema, es necesario analizarlo en profundidad. Primero hay que saber si es realmente un problema o no, y entender para quién es un problema. También se requiere entender si dicho problema está asociado a otros y delimitar su alcance para poder abordarlo.

En el proceso, es recomendable sociabilizarlo con otros, es decir, hablar con actores de la industria para luego analizar en forma estricta la opinión de estos, de manera de ir estructurando el problema en la forma más realista posible. Cuando se conversa con diferentes personas, es importante identificar el rol que cumplen en la industria, de modo de enriquecer el análisis con opiniones de más actores que tengan diferentes miradas.

Otro factor importante, que ayudará a definir bien el problema, será delimitarlo tanto desde el punto de vista técnico como desde el comercial, ya que circunscribirlo permitirá entregar una solución más adecuada. Si se trata de algo muy amplio y son múltiples los factores que influyen en su definición, será mucho más difícil abordarlo y desarrollar una solución adecuada.

También contribuirá a definir bien el problema el saber si existen otros problemas asociados a este, y cuál es prioritario sobre otro. Así se puede comenzar a dimensionar su tamaño y su importancia.

Finalmente ayudará en la definición el identificar los actores clave. Por ejemplo, saber quiénes son las personas con las cuales se debe conversar respecto del problema, e identificar claramente quiénes son los usuarios y quiénes son los clientes –en caso de que sean diferentes–, así como determinar cuáles son sus características y definir quiénes son los intermediarios.

Ahora, con el problema bien identificado, se debe analizar la posible solución. Debido a que existen múltiples formas de solucionar un mismo desafío, es importante verificar si la solución propuesta es la más adecuada.

Es fundamental comenzar por evaluar las funcionalidades o características más generales de los desarrollos tecnológicos, para luego intentar comprender qué otras aplicaciones con esas características son factibles para diferentes tipos de clientes. Las características de la tecnología corresponden al conjunto de recursos y capacidades que actualmente tiene el desarrollo científico, ya sea que se puedan estar desarrollando o que se planeen desarrollar.

Para ello se debe saber muy claramente en qué consiste la solución desde el punto de vista técnico y cuál es su estado de desarrollo. Esto permitirá analizar cuán flexible es la solución para adaptarse a cambios que pueda sufrir dicho problema o incluso solucionar otros que puedan estar asociados.

También es muy relevante analizar cómo se resuelve el problema actualmente. Para esto es fundamental comparar la solución actual con la solución propuesta, y entender las ventajas de la solución planteada.

Finalmente, es determinante saber cuáles son las cualidades únicas de la solución, es decir los atributos diferenciadores respecto de los existentes. Ello permitirá valorizar la solución y generar una propuesta de valor adecuada para los clientes.

Propuesta de valor

La propuesta de valor es el conjunto de beneficios tanto funcionales como emocionales de un producto, que hace que sea único y diferente respecto de lo que existe. Representa la promesa que se le hace al cliente, y es la expresión concreta del conjunto de beneficios que recibirá. Aquí no se hace referencias en cuanto a qué es el producto, sino a cuál es la solución que este entrega a los problemas actuales de sus clientes (Osterwalder *et al.*, 2014).

Esta debe estar centrada en las necesidades y deseos de los clientes, por lo que no tiene sentido desarrollar propuestas de valor genéricas dirigidas a grupos de clientes desconocidos. Debido a que los clientes son cada vez más exigentes, si la propuesta de valor no está claramente formulada y bien identificada, estos no se mostrarán interesados, pues entenderán que la oferta no se dirige a ellos.

La propuesta de valor es un desarrollo novedoso que satisface necesidades existentes en el mercado y la sociedad, otorgando beneficios a los clientes. Para construir una buena oferta de valor, es importante resolver cosas esenciales, como saber qué se está ofreciendo, entender cómo se está aliviando el problema de los clientes, qué beneficios les aporta el bien o servicio a ellos, y por qué van a comprar este producto y no otro. Hay que centrarse en los beneficios que más les importan a los clientes y por los cuales mucha gente esté dispuesta a pagar. En este sentido no se debe tratar de resolver todos los problemas con un solo producto; es importante apuntar a pocos problemas y beneficios, pero resolviendo extremadamente bien.

La propuesta parte dejando de plantear la estrategia desde lo que se está fabricando, o desde lo que los investigadores saben hacer. La clave está en que la oferta de valor tiene que ser concebida desde la percepción de valor del cliente. El punto de partida debe ser comprender perfectamente los criterios que utiliza un cliente para valorar la oferta actual.

Un buen ejercicio para analizar si la propuesta de valor está bien definida, es enunciarla de la siguiente forma y ver si hace o no sentido para el cliente: El (*detallar el bien o servicio*) ayuda a (*especificar el segmento de clientes*), quiénes quieren (*nombrar las actividades por realizar*) para (*usar verbos como reducir, construir u otros*), a diferencia de (*propuesta de valor de la competencia*).

Producto mínimo viable

Un concepto muy relevante dentro del proceso de validación comercial es el Producto Mínimo Viable, o *Minimum Viable Product* por su nombre en inglés, y se refiere a un prototipo del producto que tiene las funcionalidades mínimas para presentarlo a los clientes y verificar si les interesa.

Visto de otra forma, es un desarrollo con las suficientes características para satisfacer a los clientes iniciales, y proporcionar retroalimentación para el desarrollo futuro. Es decir, tener un producto por el que alguien estaría dispuesto a pagar o a adoptarlo para continuar su desarrollo.

Conseguir un producto mínimo viable no siempre es fácil cuando se desarrolla tecnología, ya que los equipos de investigación generalmente buscan la perfección en el desarrollo y no están disponibles para validar con un tercero algo que no se encuentra terminado. Es por esta razón que cobra mucha relevancia entender cuánto desarrollo falta para que el resultado de investigación se convierta en un producto mínimo viable que permita realizar una validación en entorno real.

Para alcanzar un producto mínimo viable, es fundamental acordar y conocer qué características debe tener el resultado de investigación para alcanzar ese estado, por lo que parte del proceso de validación temprana sirve para conversar con los actores clave de la industria, de modo de contar con la retroalimentación necesaria para contestar esa pregunta.

Una vez determinado el estado actual y sabiendo cuánto falta para obtener un producto mínimo viable, se deberá analizar qué falta para alcanzar ese punto en términos de tiempo, recursos financieros o capacidades técnicas.

Análisis técnico y comercial

Para elaborar una estrategia de transferencia, es necesario evaluar si el resultado de investigación cumple con las condiciones necesarias para llegar al mercado en forma de bien o servicio. Para eso es necesario realizar un análisis de viabilidad, mediante el que se revisen los principales aspectos que permiten definir si el resultado de investigación tiene o no posibilidades de ser transferido.

El análisis de viabilidad técnica y comercial permite determinar el estado en que se encuentra un resultado de investigación en un determinado momento. Esa fotografía, a su vez, hará posible diseñar un plan tendiente a trabajar cada uno de esos aspectos, los cuales se encuentran interrelacionados entre sí, de modo de acercar ese resultado desde una etapa temprana a una etapa más cercana a un producto.

Es necesario realizar el análisis de viabilidad, porque se sabe que el mérito académico de un resultado de investigación no implica ni asegura que este vaya a transferirse. Por ejemplo, puede ser que técnicamente sea una gran solución pero que no exista un mercado lo suficientemente grande, o que, siendo una solución técnicamente muy atractiva, existan barreras regulatorias que impidan su implementación; o que sea muy costoso llevar la investigación a un producto; entre muchas otras razones.

En este sentido, transferir efectivamente un resultado de investigación depende de una gran cantidad de aspectos, los cuales no siempre pueden ser controlados por los investigadores. Sin embargo, es posible aumentar las posibilidades para una transferencia exitosa, concentrando los esfuerzos en conocer y abordar adecuadamente tales aspectos.

Son cinco los aspectos fundamentales a considerar en el análisis de viabilidad: el estado de desarrollo, el financiamiento, los aspectos regulatorios, la propiedad intelectual y el mercado.

Estado de desarrollo

Es fundamental comprender el estado del desarrollo en que se encuentra la invención y, para ello, lo primero es entender exactamente cuál es el resultado de la investigación existente. Por ejemplo, si el desarrollo es un predictor de incendios forestales, resulta importante definir en qué consiste el desarrollo tecnológico, es decir si es un *software* o un algoritmo, o si se trata de una interfaz o una combinación de todos ellos. Lo importante es clarificar qué es lo particular y qué es lo esencial de la tecnología desarrollada.

Una vez comprendido lo que hay, se debe determinar qué falta en términos de desarrollo para que el resultado de investigación se convierta en un bien o servicio por el que alguien estaría dispuesto a pagar. Siguiendo con el ejemplo anterior, sería necesario evaluar si se tiene una interfaz de usuario apropiada o, en su defecto, cuánto le falta para ser una interfaz amigable.

Otro elemento a analizar es el nivel de desarrollo y cuál es el estado apropiado para salir al mercado. Una escala útil para determinar el estado de desarrollo de una tecnología es la denominada Technology Readiness Level o TRL. El TRL es una escala internacional que se utiliza para medir la madurez de proyectos tecnológicos, escala que comprende diez niveles que van desde la idea hasta el producto terminado, listo para su comercialización a usuario final (Ibáñez, 2014). TRL0 es la idea; TRL1 son los principios postulados y observados; TRL2 es la formulación de conceptos e hipótesis; TRL3 son las primeras pruebas en laboratorio terminadas; TRL4, el prototipo está a pequeña escala; TRL5, el prototipo está a gran escala; TRL6, el prototipo está testeado en terreno; TRL7, el sistema funciona y está operativo; TRL8 es la primera versión comercial; TRL9, la aplicación comercial está completa.

Una vez determinado el estado actual, se puede realizar un plan que incluya los recursos necesarios en términos financieros, materiales y de personas, para alcanzar el nivel de desarrollo necesario para transferir la tecnología.

Propiedad intelectual

Es importante determinar si se puede o no proteger el resultado de investigación por medio de uno o más derechos de propiedad intelectual, de modo tal de garantizar una eventual utilización y explotación exclusiva, para establecer la mejor estrategia de protección.

Existen múltiples vías de protección intelectual. Por ejemplo, están las patentes, que son un potente mecanismo para impedir que terceras personas fabriquen, exploten o vendan la invención durante un periodo determinado, el que puede depender del tipo de invención. Por otro lado, las marcas impiden que otras empresas puedan vender un producto u ofrecer el mismo servicio con el mismo nombre. Tambiém se encuentra el derecho de autor, que permite al creador controlar la reproducción, distribución, exhibición o ejecución de su trabajo, y se concede automáticamente sin necesidad de registro oficial.

Debido a que los derechos de propiedad intelectual no son excluyentes entre sí, se recomienda diseñar una estrategia de protección integral de manera de generar una protección más robusta que permita mejorar la posición competitiva en el mercado.

Contar con una protección por derechos de propiedad intelectual permite establecer condiciones para el uso o explotación del resultado de investigación, e incluso asegurar que llegue al mercado. Es por este motivo que se debe analizar cuán robusta es la estrategia de protección y cuán vulnerable o fuerte es la posición en el mercado.

Otro de los aspectos importantes a analizar en esta etapa es la libertad de operación de la tecnología, conocida en inglés como Freedom to Operate o "FTO". Esta se refiere a si es comercialmente seguro o no fabricar o vender la tecnología en el país donde se desea hacerlo, sin infringir derechos de otros. Si existieran derechos registrados vigentes, se corre el riesgo de no poder realizar la actividad o, incluso, tener que pagar por daños o ser demandado judicialmente por posible infracción.

Análisis del mercado

Lo primero que se realiza cuando se hace un análisis de mercado es entender la necesidad, ya que dimensionar el problema permite comprender el mercado. Las estrategias serán diferentes si se trata de un problema relevante para pequeños o grandes productores, o si están en alguna región geográfica específica, o bien dispersos por el país.

También será necesario analizar la magnitud e impacto económico del problema, de manera de determinar si es un problema global, si el mercado es grande y cuán grande es, y si implica o no un impacto económico real; es decir, si el problema afecta a múltiples países, lo que se podría traducir en una oportunidad económica considerable, a diferencia de un problema de impacto local. También puede darse el caso de que el problema afecte a un país, por lo que tiene un impacto pequeño. Pero si esto afecta a todos los países que tienen características similares, entonces existe una oportunidad económica más grande.

Como ya se ha mencionado, luego de validar el problema, es crítico analizar si la solución es percibida por los actores involucrados como adecuada, si los beneficia o no.

Por ejemplo, si se ha detectado un problema muy relevante que requiere ser resuelto, no implica necesariamente que la tecnología propuesta sea percibida como adecuada. Podría ocurrir, por ejemplo, que se esté desarrollando un nuevo material constructivo, pero que sea muy costoso el sistema de armado o que su implementación contravenga normativa existente, por ejemplo, de eficiación en altura, o que no cumpla las normas antisismicas del país, o bien, que simplemente el mercado no "crea" en la tecnología porque no está preparado para adoptarla.

También se debe hacer un análisis y comparación con las soluciones existentes, tanto cualitativo como cuantitativo. Por lo general, cada equipo de investigación considera su resultado de investigación como único, y esto efectivamente puede ser así en la mayoría de los casos. Sin embargo, eso no invalida que existan otras soluciones para el mismo problema en el mercado o que estas estén en proceso de desarrollo. En este sentido, es conveniente analizar no solo los competidores, sino también las tecnologías sustitutas. Sin importar el tipo de solución que exista en el mercado, cada una de ellas es un antecedente a relevar y comparar con la tecnología propuesta, de modo de determinar las razones por las cuales dicho desarrollo en particular podría ser mejor.

Asimismo, al comparar la solución propuesta con las existentes, no alcanza simplemente con determinar si es mejor, más económica o reduce ciertos tiempos. Es importante que la comparación no solo sea cualitativa, sino también cuantitativa y muy precisa.

Además, las comparaciones tienen que guardar relación con la propuesta de valor, la cual a su vez debe ser construida a partir del análisis de los segmentos de clientes a los que se orienta la solución, del tipo de relación que se espera establecer y mantener con ellos, etc.

El primer mercado que abordará el producto debe estar claramente definido. Suena más fácil de lo que es, ya que se encontrará una serie de atractivos mercados abordables. La decisión más difícil puede ser si optar por mercados de alto valor o de alto volumen.

Aspectos regulatorios

Hay aspectos regulatorios que condicionan que ciertas tecnologías lleguen al mercado, por lo que es necesario analizar si existen algunas normativas, certificaciones o estándares de calidad que se deban cumplir.

Al concebir un proyecto de investigación, es importante considerar estas normativas desde el inicio del desarrollo de la investigación ya que podría ocurrir que una tecnología no resulte atractiva para la industria o, incluso, sea inviable desde el punto de vista práctico si no se consideran estos aspectos regulatorios.

No siempre hay aspectos regulatorios o estándares de calidad que deben cumplirse. Aun así, en algunas áreas, como salud, agroquímicos, energía y alimentos, es mucho más frecuente la existencia de normativas.

Para obtener la aprobación para la comercialización de nuevas drogas farmacéuticas, dispositivos médicos, kits de diagnóstico, variedades vegetales, pesticidas, maquillajes o alimentos, las entidades regulatorias de cada uno de los países establecen normas que es necesario haber cumplido. Estas podrían variar país por país, y también con el correr del tiempo.

Así, una nueva tecnología con gran impacto en un área, pero que no se adecúa a la normativa vigente en un país dado, no resultaría de interés para una empresa o una industria incluso si solucionara un gran problema, dado que el o los Estados no permitirían su implementación.

Suele ocurrir que estos aspecto no se consideren en el diseño de la investigación. Si bien lo ideal es considerar los aspectos regulatorios desde el inicio, si eso no ocurre es importante analizarlo apenas se pueda. El no considerarlos puede implicar que no sea viable la transferencia tecnológica, hasta incluso que sea necesario repetir algunos experimentos.

En este análisis es importante considerar que si bien al investigar puede que no exista normativa nacional relevante, podría haber normativa internacional que atender para esos países. Por ejemplo, la normativa de la Food and Drug Administration –agencia gubernamental de Estados Unidos responsable de la regulación de alimentos, medicamentos, cosméticos, dispositivos médicos, productos biológicos y derivados sanguíneos– suele ser distinta y mucho más estricta que las normativas de las entidades equivalentes en Latinoamérica, e incluso diferente en muchos casos a la normativa de la entidad europea equivalente.

Aspectos financieros

El aspecto financiero es crucial, por lo que es necesario saber cuánto financiamiento se requiere, tanto para llegar al siguiente hito de creación de valor de desarrollo o comercial como también para completar su desarrollo.

Existen distintas opciones de financiamiento disponibles, por lo que es importante identificar y conocer con claridad qué es lo que permiten financiar. Resulta además relevante considerar, frente a las distintas opciones de financiamiento, las obligaciones o implicancias que conlleva cada una de ellas.

Una buena estrategia deberá considerar continuidad en las diferentes instancias de financiamiento y compatibilidad entre las distintas fuentes, en términos de derechos otorgados a terceros, involucramiento de empresas u otras.

Es muy relevante considerar que los compromisos adquiridos con financiamientos previos sean compatibles con nuevos financiamientos, y que cada financiamiento trae consigo una serie de compromisos que se debe tener en cuenta a la hora de solicitarlo.

En este sentido, es importante tener claro que muchas veces los primeros clientes serán los potenciales inversionistas. Para venderles la idea, es necesario convencerlos de que tiene una ventaja competitiva que seguirá siendo válida durante varios años. Los inversionistas aportarán si el camino para comenzar un piloto es claro y corto, y solo realizarán la apuesta si la ruta y el tiempo para completar el piloto están claramente definidos, ya que el escalamiento es donde las oportunidades comerciales surgen, junto con una opción de “exit” para el inversionista.

Capítulo

Propiedad intelectual

Aspectos claves de la propiedad intelectual

La propiedad intelectual es un conjunto de derechos legales entregados por un determinado Estado, que protege las creaciones intelectuales humanas, como inventos, obras literarias, obras científicas o artísticas, y se rige de acuerdo a la legislación de cada país.

Es muy importante considerar que la propiedad intelectual protege el producto de la mente o el intelecto humano y, por lo tanto, quienes pueden crear o inventar son las personas naturales y no las personas jurídicas, como empresas, universidades u otras organizaciones. Además, la propiedad intelectual no protege las ideas, sino que la materialización de dichas ideas. Por lo tanto, el concepto de "copiar una idea" carece de sentido, ya que las ideas no se consideran apropiables ni tampoco copiables, al menos en lo formal.

El fomento a la propiedad intelectual tiene una larga data y se remonta a fines del siglo XIX. El 20 de marzo de 1883 se establece el Convenio de París para la Protección de la Propiedad Industrial (Base de datos de la OMPI de textos legislativos de propiedad intelectual, 1979), donde por primera vez se deja constancia de la relevancia de estas materias. En este convenio se establece que la propiedad intelectual tendrá un "trato nacional", es decir "... los Estados Contratantes deberán conceder a los nacionales de los demás Estados Contratantes la misma protección que concede a sus propios nacionales". También se acuerda el derecho de prioridad, esto quiere decir que tratándose de "la primera solicitud de patente de invención o de registro de la marca que sea presentada en uno de los Estados Contratantes, el solicitante podrá, durante determinado período de tiempo, solicitar la protección en cualquiera de los demás Estados Contratantes". Finalmente, el convenio establece "normas comunes" a las que deben atenerse todos los Estados Contratantes. Si bien es cierto el acuerdo tiene más de cien años, muchas de sus normas aún se mantienen vigentes y otras han debido modificarse. Así, el convenio ha sido formalmente revisado en Bruselas en 1900, en Washington en 1911, en La Haya en 1925, en Londres en 1934, en Lisboa en 1958 y en Estocolmo en 1967, para finalmente ser enmendado en 1979. En la actualidad, más de 170 países de todo el mundo han suscrito el acuerdo.

Tres años después de establecido el Convenio de París, el 9 de septiembre de 1886, se establece el Convenio de Berna para la Protección de las Obras Literarias y Artísticas (*Reseña Del Convenio de Berna Para La Protección de Las Obras Literarias y Artísticas (1886)*, n.d.), que, al igual que el primer convenio, se funda en tres principios básicos. El primero es el "trato nacional", lo que quiere decir que "las obras originarias de uno de los Estados Contratantes deberán ser objeto, en todos y cada uno de los demás Estados Contratantes, de la misma protección que conceden a las obras de sus propios nacionales". El segundo es el principio de la protección "automática", que determina que "la protección no deberá estar subordinada al cumplimiento de formalidad alguna". El tercero es el principio de la "independencia" de la protección, según el cual "la protección es independiente de la existencia de protección en el país de origen de la obra". Además, el convenio estableció el tipo de obra, los derechos que se confieren y su duración. Luego del acuerdo de 1886, fue revisado en París en 1896 y en Berlín en 1908, completado en Berna en 1914 y revisado nuevamente en Roma en 1928, en Bruselas en 1948, en Estocolmo en 1967 y en París en 1971, para finalmente ser objeto de enmienda en 1979. En la actualidad, más de 170 países también han suscrito este acuerdo.

Ambos acuerdos son administrados por la Organización Mundial de la Propiedad Intelectual, OMPI, o WIPO por su nombre en inglés. Dicha organización depende de las Naciones Unidas y fue creada el 14 de julio de 1967 en Estocolmo. Actualmente tiene su sede en Ginebra, Suiza, cuenta con más de 190 Estados miembros y su objetivo es fomentar el uso y la protección de las obras del intelecto humano.

Por otra parte, existe la Organización Mundial del Comercio, que fue creada el 1 de enero en 1995 en reemplazo de su antecesor, el Acuerdo General sobre Aranceles Aduaneros y Comercio (GATT), cuyo origen se remonta a 1948. La actual institución está compuesta por más de 160 miembros, cuyo objetivo es organizarse para la apertura del comercio. Cuenta con un acuerdo sobre Aspectos de los Derechos de Propiedad Intelectual relacionados con el Comercio (*OMC - Propiedad Intelectual - Portada*, n.d.), ADPIC, o TRIPS por sus siglas en inglés, que busca lograr un adecuado equilibrio entre el objetivo social a largo plazo de ofrecer incentivos para las invenciones y creaciones futuras, y el objetivo a corto plazo de permitir el uso de las invenciones y creaciones existentes. Precisamente, el artículo 7 del acuerdo establece los objetivos:

"La protección y la observancia de los derechos de propiedad intelectual deberán contribuir a la promoción de la innovación tecnológica y a la transferencia y difusión de la tecnología, en beneficio recíproco de los productores y de los usuarios de conocimientos tecnológicos, y de modo que favorezcan el bienestar social y económico y el equilibrio de derechos y obligaciones"(*OMC - Propiedad Intelectual - Portada*, n.d.).

Entonces, si bien es cierto la propiedad intelectual se rige de acuerdo a la legislatura de cada país, existen acuerdos internacionales que regulan y tratan de homologar las normativas nacionales.

¿Por qué proteger?

Los países tienen dos grandes razones para legislar en torno a la propiedad intelectual. Por un lado, buscan proteger los derechos que legalmente tienen las personas sobre sus desarrollos y, a la vez, proteger a la sociedad en su conjunto, de manera que tenga acceso a dichos resultados. Por otra parte, se persigue estimular la creatividad e incentivar a que se apliquen esas nuevas invenciones y creaciones, transformándolas en bienes y servicios que resuelvan problemas concretos. Para ello, se requieren reglas claras que fomenten el intercambio comercial de modo de contribuir al desarrollo económico y social de los países.

Al constituir la propiedad intelectual una serie de derechos que han sido codificados en leyes, esta permite el intercambio comercial; es decir, los derechos de propiedad intelectual se pueden comprar, vender, arrendar o destruir, ya que el Estado entrega un derecho exclusivo y excluyente por un plazo determinado, o, dicho de otra forma, entrega un derecho de monopolio de explotación del desarrollo al propietario o propietaria de dicho activo intelectual.

La gestión de la propiedad intelectual puede conllevar múltiples beneficios; por un lado, sirve para promover el intercambio de conocimiento a través de información que se debe dejar disponible, como, por ejemplo, las bases de datos abiertas de patentes, lo que puede incentivar el desarrollo tecnológico. Además, sirve para estimular el crecimiento económico, ya que si se logra transferir un activo de propiedad intelectual, este podría generar nuevos empleos e, incluso, nuevas industrias.

Otra de las formas de relevar la importancia de la propiedad intelectual es entender qué sucede cuando un activo intelectual, por ejemplo, un resultado de investigación, no se protege. Podría ocurrir que una persona que no haya estado vinculada al desarrollo se apropie de ese resultado. Esto puede suceder debido a la inacción o, simplemente, al desconocimiento del equipo de investigación. Si esto ocurriera, podría traer consigo la imposibilidad de usar el resultado o controlar el uso de dichos resultados por parte del tercero. Sin embago, en el proceso de patentes existe el proceso de oposición o nulidad, que podría revertir este problema. En el proceso de concesión de una patente es posible que cualquier afectado, dentro de un plazo determinado, pueda oponerse a la concesión de la patente, alegando la falta de cualquiera de los requisitos exigidos por la ley. Por otra parte, la oposición podría implicar la nulidad de una patente en forma total o parcial (*Calidad de Las Patentes, Incluidos Los Sistemas de Oposición Procedimientos de Oposición y Nulidad*, n.d.).

Podría ocurrir también que alguien distinto al equipo de investigación y la institución donde se desarrolló obtenga ganancias económicas con el resultado de investigación, ya que, aun no habiéndolo desarrollado, tendrá la posibilidad de utilizarlo y comercializarlo. Esto podría suceder ya que, al no ser protegido el activo intelectual, se entenderá que cualquiera tendría la capacidad de usarlo para crear un producto, y alguien podría estar disponible a pagar por ello.

Otra posibilidad es que un tercero utilizara el resultado no protegido, lo que desincentivaría cualquier financiamiento público o privado para investigación que se traslapara con los resultados apropiados indebidamente, y tampoco se podría ofrecer a ningún otro interesado cualquier mejora o nuevo desarrollo vinculado al resultado de investigación original.

Una de las situaciones más complejas derivadas de no proteger un activo intelectual es que un tercero podría utilizarlo con fines contrarios al interés inicial para el cual fue concebido, impidiendo que el resultado de investigación se convirtiera en un bien o servicio, o simplemente imponiendo barreras de acceso a quienes más necesitan el producto, al ofrecerlo en forma excesivamente costosa.

Finalmente, podría ocurrir que nadie use o explote el resultado de investigación, y en ese caso la circulación del resultado solo se daría al interior de la comunidad científica, lo que derivaría en que se perdiera el valor de ese conocimiento en términos de impacto social, pues nunca se lograría acceder al bien o servicio.

Por ende, si se realiza una adecuada protección del activo intelectual, además de reconocer las autorías y beneficiar a la sociedad con el conocimiento generado, se podría generar un desarrollo que resuelva un problema concreto del mercado, que se pueda explotar comercialmente y que incentive a un tercero a invertir en el resultado de investigación, garantizando que, en caso de que la tecnología efectivamente se convierta en un producto y llegue al mercado, los competidores no podrán usar o explotar comercialmente la misma tecnología o una muy similar. Esto le generará una ventaja competitiva a quien ha invertido.

Podríamos decir entonces que la propiedad intelectual es riqueza. Por ejemplo, Apple, la marca más valiosa del planeta en 2020, según Best Global Brands, tiene un valor estimado de 323.000 millones de dólares (Interbrand, 2019).

Clasificación de la propiedad intelectual

La propiedad intelectual se clasifica según mecanismo de protección y, en general, es bastante similar en todos los países del mundo, sobre todo, en aquellos que están suscritos a los tratados internacionales. Sin embargo, existen variaciones en la denominación de las categorías, como también en el organismo que la gestiona en cada Estado, incluso en los años que dura la protección.

En el caso de Chile, que es bastante similar al de los demás países latinoamericanos, aunque con ciertas variantes, la propiedad intelectual se divide en dos grandes grupos. El primer grupo se denomina derechos de autor y derechos conexos. Usualmente se nombra solo como derechos de autor y también es conocido como propiedad intelectual, lo que lo hace confuso al usuario, ya que lleva el mismo nombre que la clasificación general. El segundo grupo se denomina propiedad industrial.

Entonces, el derecho de autor se divide en derechos morales y derechos patrimoniales, y derechos conexos, que considera los derechos de intérprete, derechos ejecutables y productor fonográfico.

Por otra parte, está la propiedad industrial, que considera las patentes, las cuales pueden ser de invención, modelos de utilidad, o esquemas de trazado o topografías de circuitos integrados; patentes de diseño, las cuales pueden ser dibujos o diseños industriales; marcas, las cuales pueden ser de certificación, colectivas, sonoras, frase de propaganda, establecimiento comercial, establecimiento industrial, marca mixta, marca figurativa y marca denominativa; registros de internet o nombre de dominio; y secretos empresariales o secretos industriales. En el caso de Chile, también se ubican en esta categoría las indicaciones geográficas, denominaciones de origen y las variedades vegetales.

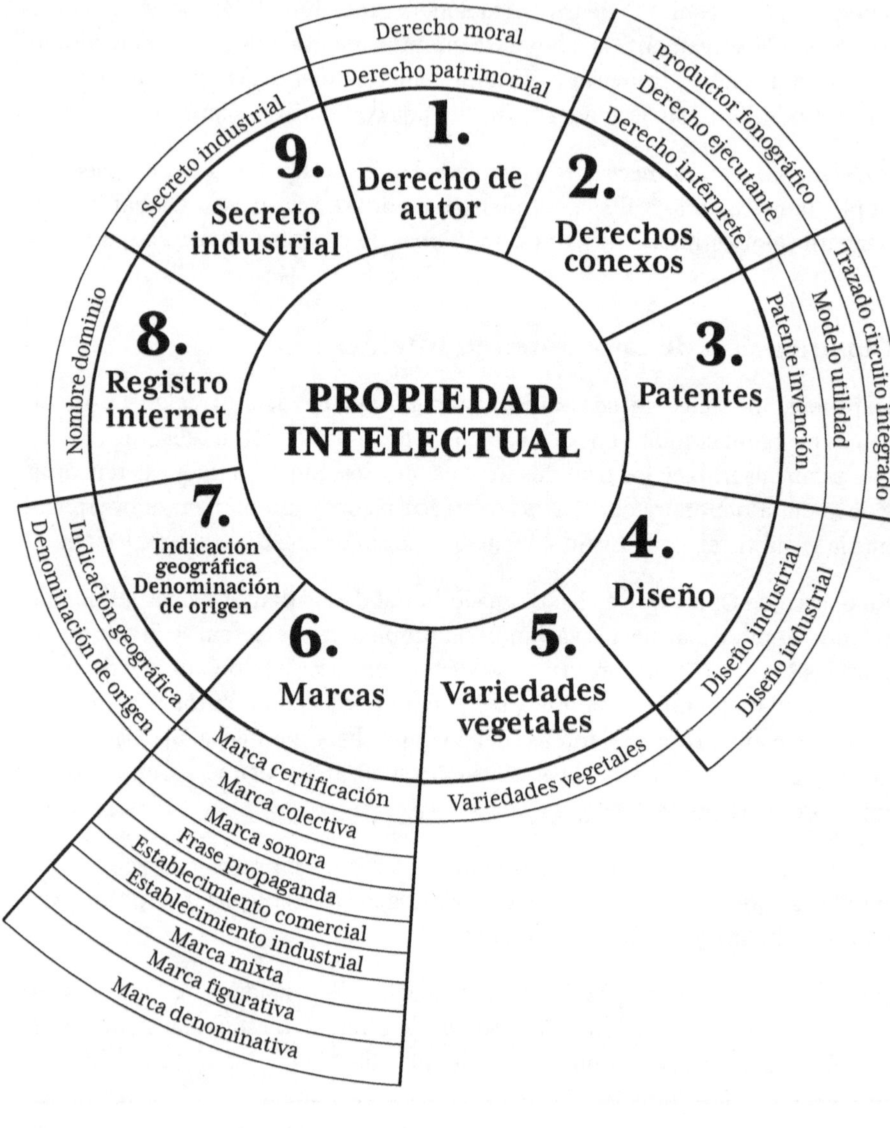

Fuente: Elaboración propia en base a modelo de INAPI y LES Chile.

Derechos de autor y derechos conexos

—

Derechos de autor

El derecho de autor es una garantía constitucional que asegura a todas las personas la libertad de crear y difundir las artes y la ciencia, y resguarda, en el caso particular de los autores, un conjunto de derechos de naturaleza patrimonial y moral sobre las obras que sean producto de su actividad creativa (Chubretovic, 2013). También protege a los denominados titulares de derechos de autor, vale decir autores, cónyuge sobreviviente, herederos, cesionarios y legatarios.

El derecho de autor existe desde el momento mismo de la creación y, por lo tanto, no es necesaria la inscripción de la obra en ningún registro. No obstante, es muy útil y recomendable registrarlo, ya que servirá para facilitar la prueba de que se es titular del derecho, como también la fecha de creación . También es útil como estrategia comercial, pero no es requisito para constituirlo. Por lo tanto, la protección del derecho de autor no requiere de formalidad alguna y es automática, por lo que si un autor no inscribe su obra, se encuentra igualmente protegido por la ley y tiene todas las facultades derivadas del derecho de autor (Chubretovic, 2013).

Este derecho protege la expresión original de ideas, no las ideas en sí mismas. La protección es válida en todo el mundo, pero se rige por las leyes de cada país, existiendo variaciones especialmente en la duración del derecho. El Convenio de Berna garantiza el trato nacional, es decir, que "las obras originarias de uno de los Estados Contratantes deberán ser objeto, en todos y cada uno de los demás Estados Contratantes, de la misma protección que conceden a las obras de sus propias naciones" (*Reseña Del Convenio de Berna Para La Protección de Las Obras Literarias y Artísticas (1886)*, n.d.). En la mayoría de los casos, el derecho dura hasta cincuenta o incluso setenta años después de la muerte del último de los autores. Terminado dicho periodo, la obra pasa a formar parte del patrimonio cultural común, por lo cual su uso posterior no requiere autorización alguna.

Las obras que se pueden proteger bajo este mecanismo son, por ejemplo, libros, folletos, revistas, conferencias, discursos, periódicos, fotografías, grabados, maquetas arquitectónicas, bocetos, mapas, planos, pinturas, dibujos, ilustraciones, adaptaciones, traducciones, transformaciones autorizadas, videogramas y diaporamas, *softwares*, aplicaciones para dispositivos móviles, bases de datos, obras musicales, obras teatrales y grabaciones.

Una forma fácil de ejemplificar es hacer un comparativo entre las cosas que son protegibles y las que no lo son. Por ejemplo, no se protege la idea que inspira una coreografía, pero sí se protege una coreografía; no se protege un estilo musical, pero sí se protege una canción; no se protege una leyenda, pero sí se protege un libro de mitología; no se protege la idea para la trama de una película, pero sí se protege el guion; no se protege la idea de un juego de lotería, pero sí se protege el programa de computación creado y utilizado para la realización del juego (Chubretovic, 2013).

- **Derechos morales**

El derecho moral, según el Instituto Nacional de Propiedad Intelectual de Chile, corresponde a "ciertas medidas que puede tomar el autor para preservar su vínculo personal que lo une a su obra" (*Derechos Morales - INAPI. Institucional*, n.d.). Dentro de ello está el reconocimiento que hace la ley de la "paternidad" del autor sobre la obra que creó, y el oponerse a deformaciones de la obra, entre otras. En este sentido, los derechos morales sobre una obra solo corresponden al autor de la misma y no al que la adquiera después; es decir, es un derecho irrenunciable e inalienable, intransferible y personal, por lo que no se puede vender, ceder o transmitir, salvo por sucesión por causa de muerte (Chubretovic, 2013).

- **Derechos patrimoniales**

Los derechos patrimoniales corresponden al derecho a la explotación económica de la obra y le dan a su titular la posibilidad de publicarla, reproducirla, adaptarla, ejecutarla o distribuirla, además de poder transferir, total o parcialmente, sus derechos o autorizar la utilización de la obra por terceros (Chubretovic, 2013). El autor puede tener los derechos morales y patrimoniales, pero muchas veces se da que este entrega los derechos patrimoniales a un tercero, por lo que él mantiene los derechos morales e incluso puede recibir ingresos, si es que así lo acuerda con el nuevo dueño de los derechos patrimoniales.

Derechos conexos

Los derechos conexos son aquellos otorgados por la ley a los artistas, intérpretes y ejecutantes, para permitir o prohibir la difusión de sus obras y recibir un pago por el uso público de sus producciones (Chubretovic, 2013).

- **Derecho del intérprete**

  Según Chubretovic (2013), se trata del "derecho de los artistas, intérpretes y ejecutantes para permitir o prohibir la difusión de sus producciones y percibir una remuneración por el uso público de las mismas, sin perjuicio de las que corresponden al autor de la obra".

- **Derecho del ejecutante**

  El derecho del ejecutante es el derecho de los que utilicen fonograma o registro del sonido en soportes especiales, que permiten su reproducción, como vinilo, casetes, discos compactos, mp3 o cualquier otro formato, o reproducciones de los mismos para su difusión pública, siempre que se pague una retribución a los artistas, intérpretes o ejecutantes y a los productores de esos fonogramas (INAPI, 2020).

- **Productor fonográfico**

  Se refiere al derecho para autorizar o prohibir la fijación o grabación de las emisiones y la reproducción por parte de de los organismos de radiodifusión o de televisión. Además, la ley ampara los derechos conexos de los artistas, intérpretes, ejecutantes, productores fonográficos y organismos de radiodifusión (Chubretovic, 2013).

Excepciones y limitaciones

La Guía de Derecho de Autor del Consejo Nacional de la Cultura y las Artes de Chile (Chubretovic, 2013), enumera excepciones y limitaciones al derecho de autor y derechos conexos normados por ley, que permiten utilizar una obra sin autorización del autor.

Por ejemplo, la guía continúa: es posible incluir fragmentos breves de una obra en otra obra, pero se debe mencionar la fuente, título y autor. También está permitida la reproducción, adaptación, distribución o comunicación al público de una obra en beneficio de personas con discapacidad. Se puede registrar y utilizar en clases, discursos políticos o alegatos judiciales, con fines de información, pero no puede ser publicada sin autorización.

En el área arquitectónica, la guía plantea que está permitida "la reproducción de obras de arquitectura, monumentos, estatuas y obras artísticas situadas en lugares públicos por medio de la fotografía, el cine, la televisión y cualquier otro medio, así como la publicación de las fotografías en diarios, revistas, libros y textos destinados a la educación, siendo también lícita la publicación y venta de las reproducciones" (Chubretovic, 2013).

En esta misma área, también se permite la introducción de modificaciones que el propietario decida realizar en las obras de arquitectura, aunque el arquitecto podrá oponerse a la mención de su nombre como autor del proyecto.

En el área educacional está permitida la reproducción y traducción de obras, siempre que se trate de obras ya divulgadas y se incluya el nombre del autor. También está autorizada "la utilización de una obra dentro del núcleo familiar, en establecimientos educacionales, de beneficencia, bibliotecas, archivos y museos, siempre que esta utilización se efectúe sin fines lucrativos" (Chubretovic, 2013).

Con respecto a los programas computacionales, está permitida su adaptación o copia, siempre que esta sea esencial para su uso, o para fines de archivo o respaldo, y no se utilice para otros fines. También se permite realizar ingeniería reversa a programas computacionales con el único fin de lograr "la compatibilidad operativa entre programas computacionales o para fines de investigación y desarrollo", o para probar, investigar o corregir su funcionamiento, o para fines la seguridad de operación del programa como del equipo que lo utiliza (Chubretovic, 2013).

Propiedad industrial

La propiedad industrial se entiende como un conjunto de derechos exclusivos que otorga un Estado para usar o explotar patentes, diseños, marcas, indicaciones geográficas, denominaciones de origen y, en el caso de Chile, las variedades vegetales, en un territorio determinado, las cuales nacen desde su registro, que se realiza a través de exámenes de forma y fondo. Trato diferente reciben los registros de internet y secretos empresariales, los cuales se excluyen del análisis a continuación y serán analizados más adelante, por sus particularidades.

Una de las características de la propiedad industrial es lo que se denomina territorialidad, ya que los derechos de propiedad industrial solo tienen efecto en el país en el que fueron solicitados y otorgados. En este sentido, es altamente recomendable, en la mayoría de los casos, realizar la solicitud del derecho en todos los países donde se producirá y donde se explotará la tecnología.

Otra de las características de la propiedad industrial es su temporalidad, ya que la protección otorgada en general tiene una duración limitada en años, y luego el objeto protegido es considerado de dominio público.

También es importante entender la diferencia entre el titular del derecho y los inventores. El inventor es quien realiza el aporte intelectual en el desarrollo y solo puede tratarse de una persona natural. El titular del derecho o solicitante es quien tiene los derechos sobre la invención. Este puede ser el mismo inventor, el empleador del inventor, quien haya contratado los servicios o a quien el inventor o su empleador hayan asignado dichos derechos, ya sea una persona natural o una persona jurídica.

Patentes de invención

Las patentes proporcionan derechos exclusivos concedidos por el Estado para la protección, que impidirán que terceros la usen sin consentimiento, y por ende permitirán utilizar y explotar una invención por parte del titular. Si se decidiera no explotar directamente la patente, se pueden vender o ceder los derechos a otra persona o empresa con el fin de que la comercialice bajo ciertas condiciones.

Para que se otorgue una patente, la invención debe cumplir con tres requisitos fundamentales. Primero, que sea novedosa a nivel mundial, es decir, que no exista antes en el estado de la técnica. El estado de la técnica es todo lo que haya sido divulgado o hecho accesible al público, en cualquier lugar del mundo, mediante una publicación tangible, venta o comercialización, antes del día de presentación de la solicitud, que revele un desarrollo que sea igual. Segundo, que tenga nivel inventivo, es decir, que la invención no pueda resultar obvia ni derivar, de manera evidente, del estado de la técnica para una persona normalmente versada en la materia técnica correspondiente. Y finalmente, que sea susceptible de aplicación industrial, es decir, que pueda ser producida o utilizada en cualquier tipo de industria, ya sea manufactura, artesanía, minería, agricultura u otra.

La protección que entrega el Estado es territorial, es decir, solo a nivel nacional y por un periodo único de veinte años desde la fecha de presentación de la solicitud (*Principales Derechos de Propiedad Intelectual*, n.d.). Para que esto ocurra, se requiere que el solicitante de la patente haga público su invento a través de una solicitud de patente, de forma que un experto en la materia referida por dicha solicitud, pueda reproducir la invención. A cambio de publicar su invento, el solicitante obtiene un derecho que permite impedir a otros cualquier forma de explotación comercial de la invención, dentro del territorio de obtención de la patente y por el periodo que establece la ley (Ortiz & Enric, 2010).

Se puede proteger por patentes de invención productos, como compuestos, composiciones, dispositivos, materiales, estructuras y aparatos, entre otros. También es posible proteger los métodos, como por ejemplo un proceso, además de los usos o segundos usos y los sistemas.

En el proceso de solicitud de una patente, es importante considerar la confidencialidad, ya que es esencial para cumplir con el requisito de novedad. La revelación de los detalles técnicos del nuevo desarrollo a través de cualquier medio, como páginas *web*, videos, reportajes, artículos científicos, charlas, redes sociales u otros mecanismos, incluso por parte del mismo equipo de inventores o inventoras, puede imposibilitar la concesión de la patente.

Otro aspecto clave en el proceso de solicitud de una patente es la búsqueda del arte previo, conocida también como búsqueda del estado de la técnica, la cual consiste en un informe que detalla y analiza los documentos más cercanos al desarrollo que se quiere patentar, para determinar si pueden interferir con la novedad y el nivel inventivo. Es importante realizar este análisis antes de presentar una solicitud de patente, para evaluar el potencial de patentabilidad del nuevo desarrollo y para enfocar de manera correcta la redacción de la patente.

Muchos investigadores se encuentran en la disyuntiva de realizar una publicación científica o iniciar un proceso de solicitud de patentes. Afortunadamente, dicha disyuntiva no existe, ya que ambas acciones son complementarias y no excluyentes. Lo importante es qué se hace primero para no perder los requisitos necesarios. Es importante presentar la solicitud de patente antes de publicar o divulgar de cualquier manera; incluso ambas cosas se pueden realizar el mismo día, ya que después de presentar la solicitud no habrá problemas para publicar.

Las solicitudes de patentes se deben realizar en las oficinas gubernamentales dedicadas a estos temas en el país donde se quiere proteger. Además, existen dos convenios internacionales que establecen las reglas para patentar el mismo invento en distintos países, el Convenio de París y el Tratado de cooperación en materia de Patentes, denominado PCT por su sigla en inglés.

Modelos de utilidad

Un modelo de utilidad, definido por el Instituto Nacional de Propiedad Intelectual de Chile (*Modelo de Utilidad*, n.d.), es un título de propiedad industrial que, al igual que las patentes, protege invenciones, pero con menor valor creativo o de innovación no radical. Por lo general, los modelos de utilidad se aplican a invenciones de menor complejidad técnica, razón por lo que se conocen como *pequeñas patentes*, *innovaciones de utilidad* o *patentes a corto plazo*.

El modelo de utilidad protege objetos que por su forma, estructura o por la configuración de sus elementos, realizan una nueva función, es decir que el cambio de la forma resuelve un nuevo problema técnico. Esta categoría existe solo en algunos países. Por ejemplo, un martillo al que se le incorporó un dispositivo para sacar clavos se protegió como modelo de utilidad, ya que antiguamente solo servía para clavar y ahora también para sacar clavos.

Los modelos de utilidad no deben cumplir el requisito de nivel inventivo; solo deben cumplir los requisitos de novedad y aplicación industrial. No obstante, no se concederá una patente cuando el modelo de utilidad solamente presente diferencias menores o secundarias que no aporten ninguna característica utilitaria discernible con respecto a invenciones o a modelos de utilidad anteriores (*Modelo de Utilidad*, n.d.).

En términos generales, se considerarán como modelos de utilidad: los instrumentos, aparatos, herramientas, dispositivos y objetos o partes de los mismos, en los que la forma sea reivindicable, tanto en su aspecto externo como en su funcionamiento, y siempre que esta produzca una utilidad, esto es, que aporte a la función a que son destinados, un beneficio, ventaja o efecto técnico que antes no tenía. El plazo de duración de la protección por modelos de utilidad es más corto que el de las patentes de invención y varía de país en país. En Chile, el plazo de protección es de diez años, contados desde la presentación de la solicitud (*Modelo de Utilidad*, n.d.).

Trazado de circuito integrado

Los esquemas de trazados o topografía de circuitos integrados son una disposición tridimensional de elementos que los componen. El circuito integrado es un dispositivo en el que ciertos elementos con funciones eléctricas, como transistores, resistencias, condensadores, diodos u otros, están montados en un sustrato común. Estos componentes se hallan conectados de manera que el circuito integrado pueda controlar la corriente eléctrica, y se ordenan de acuerdo a la función que vayan a realizar. La protección tendrá una duración no renovable de diez años, contados a partir de la fecha de presentación de la solicitud de registro o de la primera explotación comercial en cualquier parte del mundo (*Esquema de Trazados o Topografías de Circuitos Integrados*, n.d.)

Dibujos y diseños industriales

Se considera diseño industrial toda forma tridimensional asociada o no con colores, y a cualquier artículo industrial o artesanal que sirva de patrón para la fabricación de otras unidades, y que se distinga de sus similares, sea por su forma, configuración geométrica, ornamentación o una combinación de estas, siempre que dichas características le den una apariencia especial perceptible por medio de la vista, de tal manera que resulte una fisonomía nueva, como, por ejemplo, el diseño de un teléfono inteligente o el de una silla (*Diseños*, n.d.).

La diferencia entre diseño y dibujo industrial consiste en que este último es bidimensional, en tanto los diseños son tridimensionales. Los estampados en géneros, telas o cualquier material laminar quedan comprendidos entre los artículos que pueden protegerse como dibujos industriales, siempre que reúnan la condición de novedad; es decir, en un dibujo industrial se protege la disposición de las líneas y colores de un estampado, no el objeto en el cual se aplica. Por ejemplo, si una tela se dispone en un sillón, la protección no incluye el sillón. Los dibujos y diseños industriales solo deben cumplir el requisito de novedad, no así el de nivel inventivo o de aplicación industrial, como en el caso de las patentes de invención. La duración de la protección registrada varía de un país a otro, pero suele ser de diez años (*Diseños*, n.d.).

Registro de variedades vegetales

Este mecanismo de protección considera un conjunto de derechos cuyo objetivo es promover e incentivar la creación de nuevas variedades vegetales, entendidas como un nuevo conjunto de plantas de un solo taxón botánico del rango más bajo conocido, que sean distintas, homogéneas y estables. En esta categoría se protegen semillas y plantas de variedades agrícolas, frutícolas y ornamentales.

El periodo de protección para las especies agrícolas y ornamentales varía país por país, pero generalmente se extiende por quince años y, para las especies frutales, por dieciocho años. El derecho de obtentor de una nueva variedad vegetal le confiere a su titular el derecho exclusivo para multiplicarla, producirla, venderla, comercializarla, ofrecerla, importarla o exportarla.

Por ejemplo, en Argentina se registró con mucho éxito la variedad de trigo denominada Baguette Premium 11, a fines de los años noventa, y se comercializó la semilla bajo el nombre "Baguette". En el caso de Colombia y Ecuador, existe la variedad de tomates denominada Caroni, originaria de los Países Bajos (*Importancia de La PI En El Sector Agroalimentario (II): Variedades Vegetales*, 2018).

Marcas

Una marca es todo signo susceptible de representación gráfica capaz de distinguir en el mercado productos, servicios o establecimientos comerciales o industriales (Schmitz Vaccaro, 2012). El signo debe ser distintivo y no descriptivo, no debe inducir a engaño o error para el usuario. Cuando se dice que no puede ser descriptivo, significa que no se puede, por ejemplo, registrar la marca "agua" para vender agua mineral embotellada, ya que es descriptivo del producto que contiene y no distintivo como pudiera ser "Agua Veri", una de las marcas de agua más famosas de España, según la Organización de Consumidores y Usuarios de ese país.

Las marcas pueden consistir en una o más palabras, como por ejemplo GOOGLE, o en la combinación de letras y números, lo que se conoce como marca denominativa, como por ejemplo 7 ELEVEN. También pueden estar compuestas por figuras, imágenes, combinaciones de colores, símbolos o dibujos, sin incorporar palabras, letras ni números; estas se denominan marcas figurativas, como es el caso de la "manzana" de APPLE. Cuando contienen elementos de las marcas denominativas y figurativas, se habla de marca mixta. Finalmente, aquellas que contienen signos auditivos se conocen como marcas sonoras, como es el caso de INTEL.

Pueden inscribirse también las frases de propaganda o publicitarias, siempre que vayan adscritas a una marca registrada del producto, servicio o establecimiento para el que se vayan a utilizar.

Las marcas de establecimientos industriales son aquellas que buscan proteger el nombre de una determinada empresa que produce ciertos bienes. Por su parte, las marcas de establecimiento comercial son aquellas que pretenden proteger el nombre de una determinada empresa que transa ciertos productos.

Las marcas colectivas, por su parte, son las que permiten distinguir la procedencia, el material, el modo de fabricación u otras características comunes de los bienes producidos por los miembros de una asociación, permitiendo diferenciar en el mercado los productos y servicios de aquellos producidos o prestados por terceros y que no forman parte de dicha asociación o grupo. Esta marca está vinculada a la denominación de origen o indicación geográfica, y el titular es la asociación de productores de la zona.

Por otro lado, las marcas de certificación corresponden a aquellas destinadas a ser aplicadas a productos, con el objeto de acreditar determinadas características por personas o entidades debidamente autorizadas.

Para el caso de las marcas, existe un acuerdo internacional que las regula, el que que se estableció en 1957 en Francia y se denomina Arreglo de Niza (*Arreglo de Niza Relativo a La Clasificación Internacional de Productos y Servicios para El Registro de Las Marcas*, n.d.). Como su nombre lo dice, este busca regular todo lo relativo a la clasificación internacional de productos y servicios para el registro de las marcas. Para llevarlo a cabo, se definió la clasificación de Niza, que establece el sistema de clasificación internacional para productos y servicios, necesario a la hora de definir una marca para registrarla.

Los diferentes productos y servicios se clasifican en 45 clases: desde la 1 a la 34 son las que incluyen productos, y desde la 35 a la 45 las que incluyen servicios. La idea de este sistema es especificar y limitar la extensión del derecho, determinando los productos o servicios que son cubiertos por la marca y, al mismo tiempo, unificando el sistema de clasificación en todo el mundo. La clasificación Niza se actualiza cada cinco años.

Otro de los acuerdos internacionales que rigen el registro de las marcas es el denominado Protocolo de Madrid, que es administrado por la Organización Mundial de Propiedad Intelectual y que se encuentra vigente desde 1996. Ofrece a los titulares de marcas la posibilidad de proteger sus marcas en varios países mediante la simple presentación de una solicitud hecha directamente ante su propia oficina de marcas nacional (*Protocolo de Madrid (Registro Internacional de Marcas)*, n.d.).

En el caso chileno, el registro inicial de una marca dura diez años y es renovable por periodos de diez años indefinidamente, y la protección que concede la marca es territorial.

Indicación geográfica y denominación de origen

Una indicación geográfica es un signo distintivo que identifica un producto como originario de un territorio, cuando la calidad, reputación u otra característica del mismo sea imputable fundamentalmente a su origen geográfico; como, por ejemplo, los productos agrícolas que poseen cualidades derivadas de su lugar de producción, extracción o cultivo, y que están sometidos a factores locales específicos, como el clima y el terreno (INAPI, 2018). Las indicaciones geográficas son de duración indefinida mientras se mantengan los factores que llevaron a su reconocimiento.

La denominación de origen también es un signo distintivo que identifica un producto como originario de un territorio, cuando la calidad, reputación u otra característica del mismo sea imputable fundamentalmente a su origen geográfico, pero en este caso teniendo en consideración, además, otros factores naturales y humanos que incidan en la caracterización del producto. Al igual que las indicaciones geográficas, las denominaciones de origen son de duración indefinida en tanto se mantengan los factores que llevaron a su reconocimiento (INAPI, 2018).

Dentro de esta categoría se encuentra el tequila de México, el limón de Pica de Chile y el café de Colombia.

Registro de internet

Según lo establecido por la Organización Mundial de la Propiedad Intelectual, los registros de internet o nombres de dominio son las direcciones de internet expresadas simplemente para facilidad del usuario, ya que traducen las direcciones de protocolo interno o direcciones IP de cada activo en la red, a términos memorizables y fáciles de encontrar. Si bien fueron diseñados con el fin de permitir a los usuarios localizar la información de manera fácil, los nombres de dominio han adquirido mayor importancia comercial (*Primer Proceso de la OMPI Relativo a los Nombres de Dominio de Internet: Archivo*, n.d.).

Una solicitud de inscripción de un nombre de dominio será válida cuando se efectúe el pago de la tarifa respectiva, y durará por un tiempo determinado, renovable indefinidamente. Existe una organización internacional relacionada a los dominios de internet, la que se denomina Autoridad para la Asignación de Letras de Internet, IANA[1] por su sigla en inglés, y es la responsable de la coordinación global de los dominios, y la que delega sobre diferentes entidades a nivel mundial, la administración y la asignación de los nombres de dominio.

Secretos industriales

Se puede considerar como secreto industrial –también conocido como secreto empresarial– a todo conocimiento sobre productos o procedimientos industriales cuyo mantenimiento en reserva proporciona a su poseedor una mejora, avance o ventaja competitiva (*Glosario*, n.d.).

Para que la información se considere secreto industrial es fundamental que sea secreta. Sin embargo, no hay un procedimiento de registro en cuanto a por qué la empresa o persona debe mantener el secreto. Además, debe tener valor comercial y es necesario que existan medidas de resguardo. En este sentido tiene una vigencia por el tiempo que la información que nutre el secreto se mantenga secreta.

Un ejemplo de secreto empresarial es la fórmula de una famosa gaseosa, la que es conocida por unas pocas personas.

Protección de programas computacionales

El mecanismo de protección de un *software* o de una aplicación móvil o app (por la abreviación de su nombre en inglés), se ha ido adaptando en el tiempo y tiene múltiples mecanismos de protección. En general se protegen por derecho de autor, y en determinadas condiciones, por patentes.

1 https://www.icann.org/

En 1966 se comenzaron a proteger los *softwares* por derecho de autor en Estados Unidos, y a fines de los años setenta, las empresas que comercializaban *software*, empezaron a generar acuerdos de licencia con los usuarios, mediante los que establecieron ciertas condiciones y restricciones de uso. En 1980 se estableció por ley la protección de los programas computacionales por medio del derecho de autor o *copyright* y, luego de esto, muchos países comenzaron a regular su protección.

El *software* se podría proteger por patentes si produce un efecto técnico o cuando es parte de un *hardware*, lo que es conocido como un sistema embebido, como, por ejemplo, máquinas controladas por programas computacionales en procesos de manufactura o procedimientos de control. Es importante destacar que para proteger un *software* mediante una patente de invención, no será necesario presentar ni divulgar el código de fuente.

Hay algunos que plantean que patentar los programas computacionales restringiría la competitividad del sector, debido a que producirlos suele requerir el desarrollo acumulativo y secuencial de obras de terceros y su reutilización, por lo que sería incompatible con la necesidad de garantizar la interoperabilidad existente entre los componentes de los programas, los sistemas y las redes existentes (Organización Mundial de la Propiedad Intelectual, n.d.).

El mecanismo de protección más usado es el derecho de autor y, como la ley lo indica, se encuentra protegido desde el momento de su creación. En este caso, son titulares del derecho de autor las personas que lo producen, pero en el caso de que una persona encargue la producción de un programa computacional a un tercero, el que contrate será el titular del derecho, salvo que se pacte lo contrario.

En el caso de Chile, cuando el titular del derecho de autor es una persona natural, la protección dura toda la vida del autor y hasta setenta años después de su muerte. Cuando el autor del programa computacional cede el derecho de uso del mismo, se entiende que tiene carácter no exclusivo e intransferible, y que la duración de la protección será de setenta años, computados desde el día 1 de enero del año en el que se divulgue.

Estrategia de protección intelectual

La protección de la propiedad intelectual es un medio y no un fin en sí mismo. En este sentido, la estrategia de protección es un plan necesario que permite obtener valor de los activos intelectuales protegidos.

Uno de los objetivos de la protección es darle al activo un valor de exclusividad en el mercado y no solo darle valor como una solución técnica. Hay muchos motivos por los cuales proteger. Por ejemplo, para ingresar a nuevos mercados, agregar valor a la empresa o evitar que copien el desarrollo. Estos motivos no son excluyentes entre sí. No obstante, es muy importante tener claro por qué se quiere proteger, ya que es un factor crucial para trazar la estrategia de protección.

Para elaborar una adecuada estrategia, es importante buscar y analizar lo que hay en el mundo al respecto, por ejemplo, analizando las bases de datos públicas existentes sobre marcas, patentes u otras. Esto permitirá también asegurarse de que no se está infringiendo ningún activo de propiedad intelectual existente.

Si el mecanismo de protección será mediante patentes, es muy relevante asegurarse de que la información de las invenciones patentables no se comparta con terceros o se publique antes de presentar una solicitud de patente. Lo mismo ocurre en el caso de los secretos industriales, respecto de los que es muy conveniente firmar acuerdos de confidencialidad al negociar y compartir información con asociados, a fin de proteger los secretos comerciales.

También será necesario que al realizar proyectos de investigación y desarrollo conjuntos con otras empresas o institutos de investigación, asegurarse de que quede claro quién será el titular de la propiedad intelectual potencial generada por el proyecto.

Uno de los factores relevantes a entender es que los derechos de propiedad intelectual no son excluyentes entre sí, y por ende se puede y se debe diseñar una estrategia de protección integral de modo de generar una protección más robusta, ya que una misma creación puede ser protegida por distintos derechos acordes a sus características.

Por ejemplo, si se desarrolla un nuevo producto alimenticio, como una barra de cereales en base a una nueva variedad de maíz, esta podría estar constituida por diferentes elementos que pueden ser protegidos por distintos derechos. Por una parte, sería posible proteger por patentes el método de manufactura de la barra de maíz, y se podría registrar el nombre del producto y el logo de la etiqueta a través de una marca comercial; por diseño industrial se podría registrar el diseño de la barra, y por registro de variedades vegetales, la planta del maíz. Por derecho de autor estaría la posibilidad de proteger el diseño del envoltorio y, por secreto industrial, la fórmula para hacer el producto.

Entonces, se puede decir que la gestión de la propiedad intelectual es fundamental para proteger y reconocer al creador, y para contar con los derechos legales con el fin de decidir qué hacer con ellos. Los mecanismos de protección de los derechos de propiedad intelectual permiten resguardar el uso de los diferentes aspectos relacionados al desarrollo. Del mismo modo, son una potente herramienta para generar valor en la sociedad y el mercado.

Capítulo

Comercialización de tecnologías

4

Aspectos claves de la comercialización

Uno de los objetivos centrales del proceso de transferencia tecnológica es la comercialización de tecnologías, la que se define como el proceso de licenciar o ceder activos de propiedad intelectual y sus paquetes tecnológicos con el fin de que la tecnología llegue al mercado, y poder obtener ganancias monetarias cuando sea posible, u otro tipo de beneficios tanto para la institución como para el equipo de investigación que desarrolló la tecnología. Según lo plateado por el doctor Enrique Medellín, de la Universidad Autónoma de México (Medellín, n.d.), un elemento fundamental para transferir tecnologías es que quienes estén a cargo de esta función entiendan de manera acabada las características y ventajas de dicho desarrollo, conozcan a los competidores y sustitutos, así como los aspectos legales y regulatorios que rigen el desarrollo tecnológico, los riesgos comerciales de la tecnología y las condiciones económicas de la negociación.

El éxito de una comercialización va a depender también de las capacidades de quienes están a cargo de la negociación, como, por ejemplo, las capacidades que tengan para diseñar una estrategia comercial de la tecnología, la capacidad de evaluación de los riesgos tanto técnicos como comerciales, la capacidad para llevar a cabo el diseño de una estrategia de propiedad intelectual y de valorización de la tecnología, y, sin duda, las habilidades de negociación.

Es muy importante entender que la comercialización de tecnologías no se reduce solo al licenciamiento de una patente ya que, en muchos casos, el equipo de investigación, como la tecnología en sí, juega un papel relevante, lo que lleva a que uno de los errores más comunes es que la tecnología valga únicamente por su patente, o, dicho de otra forma, que únicamente valga lo que vale la patente sin considerar los otros aspectos señalados; o que, por otro lado, se crea que si no hubiese una patente, la tecnología no tendría valor.

Otro de los aspectos fundamentales es que al licenciar una tecnología se está compartiendo con el licenciatario el riesgo técnico y comercial de que esta pueda llegar al mercado, y lo que se espera es reducir el riesgo lo más posible para la universidad o el centro de I+D. En este sentido, es importante recordar que se debe hacer un acuerdo de licencia favorable tanto para la universidad y los investigadores como para la empresa, ya que no se debe olvidar que la empresa está asumiendo parte importante del riesgo.

Para efectuar esta transacción, es necesario firmar un contrato, ya sea de licencia o de cesión de los derechos de propiedad intelectual. Solo para fines de hacer más fácil la explicación, ya que en términos legales tienen implicancias diferentes, se puede considerar la licencia como el contrato de arriendo de una casa. Es decir, la casa sigue siendo del propietario, pero da derechos de uso a un tercero; en cambio, la cesión es como la venta de una casa, ya que se pierden todos los derechos sobre el activo.

La Organización Mundial de la Propiedad Intelectual (WIPO, 2005) entrega una razón clara de por qué conceder una licencia:

"[...] innovaciones y otras expresiones de la creatividad humana se han convertido en propiedad privada y están protegidas por ley mediante el sistema de propiedad intelectual. Como propiedad, son activos comercializables. La concesión de licencia, o sea, el derecho que el titular de los activos otorga a un tercero para que los utilice, mientras el titular mantiene la titularidad de los mismos, es una forma importante de añadir valor a esos activos. La concesión de licencias genera una fuente de ingresos, difunde la tecnología a un grupo más amplio de usuarios y potenciales desarrolladores, y actúa como un catalizador para otros desarrollos e intercambios comerciales".

Tipos de acuerdo

Contrato de cesión

La cesión de activos de propiedad intelectual implica un traspaso de los derechos de titularidad sobre el activo a un tercero, a cambio de recibir una retribución o contraprestación tanto económica como de otro tipo, según lo que acuerden las partes. Normalmente, una cesión tiene un valor mayor al de una licencia, tal como la venta de una casa tiene un valor mayor al de un arriendo mensual.

Un aspecto relevante a considerar en este tipo de acuerdos, es que se pierde todo control sobre la tecnología, a no ser que se reserven algunos derechos que comúnmente son los de continuar investigando y seguir realizando actividades académicas con los resultados de investigación. En el caso de la investigación, es muy común la reserva de derechos de divulgación, la que permitirá realizar publicaciones o presentaciones en congresos, siempre y cuando no afecte aspectos claves del negocio considerados confidenciales, lo que debe quedar claramente establecido en el acuerdo. También es importante dejar resuelto si los derechos de investigación serán comerciales o no comerciales. Si se reservan derechos con fines de investigación no comercial, esto implica que cualquier desarrollo que se realice, ya sea de la misma línea de aplicación de la tecnología cedida o de otra muy diferente, esta no podrá ser transferida bajo ningún mecanismo, lo que no ocurre con los derechos con fines de investigación que no implica restricciones.

Lo anterior muestra que es muy relevante analizar cuándo conviene acordar la cesión de una tecnología. Por supuesto, si la retribución es sumamente atractiva, ello puede ser motivo suficiente para tomar la decisión. Otro de los criterios a revisar para ver si resulta más conveniente o menos riesgoso ceder la propiedad intelectual, se da cuando esta es acotada y resuelve un problema específico o apunta a una solución particular de una empresa. Sin embargo, es muy importante considerar que dicha cesión no bloquee la línea de investigación o desarrollos futuros tanto de la institución como del equipo de investigación.

Contratos de licencia

—

El contrato de licencia es un documento legal mediante el cual una persona natural o jurídica entrega a un tercero, que también puede ser una persona natural o jurídica, el derecho de uso, explotación, desarrollo y comercialización de los derechos de propiedad intelectual. El contrato de licencia es el instrumento más frecuente para transferir una tecnología, ya que implica mantener la titularidad sobre los desarrollos.

Realizar un buen contrato de licencia no es tarea fácil y va a depender de múltiples factores que están entrelazados, como, por ejemplo, las características de la tecnología, la relación que exista entre los negociadores y el tipo de negocio a realizar, entre muchos otros.

En algunos casos, la licencia tiene fines comerciales. Esto va a depender de lo que la institución y el equipo de investigación persigan. También se pueden licenciar diferentes derechos de propiedad intelectual, ya sean patentes, derechos de autor, *software*, secretos industriales o incluso *know how*, que se traduce como saber hacer o saber cómo, lo que en algunas legislaturas se considera en forma similar a un secreto industrial.

Un contrato de licencia implicará mantener los derechos de propiedad intelectual, establecer ciertas condiciones, como, por ejemplo, asegurarse de que una tecnología efectivamente llegue al mercado, garantizar la continuidad de la línea de investigación, obtener contraprestación, e incluso una combinación de estas y otras condiciones.

Opción de licencia

—

En algunas ocasiones se firman opciones de licencia y no contratos de licencias directamente. La diferencia es que una opción de licencia es una promesa de licenciar los resultados de investigación a un tercero, la que en general se utiliza cuando los terceros se involucran desde el comienzo en el desarrollo de la tecnología pero aún no se ha llegado a los resultados esperados. En el caso de las licencias, se entregan los derechos de uso, explotación, desarrollo o comercialización desde el minuto de la firma de la misma.

Si se opta por una opción de licencia, es muy importante establecer las condiciones para poder ejercerla, ya que que puede ser automática pero con término anticipado si no se cumplen ciertas condiciones acordadas. Es muy usual, también, establecer plazos para que el tercero ejerza la opción; si no lo hace, la institución queda liberada de entregar el derecho a otro. En caso de que no se establezca el plazo y el tercero no ejerza su opción, se podría bloquear legalmente la transferencia de la tecnología a otro.

Negociación de contratos

¿Cuándo comercializar?

No es fácil determinar el momento más adecuado para licenciar una tecnología, aunque tampoco es seguro que exista aquel momento esperado. Algunos plantean que es mejor licenciarlo lo antes posible, ya que se comparte el riesgo técnico y comercial con otros. Incluso más, los terceros ayudan a reducir el riesgo de que la tecnología nunca llegue a mercado. Por otra parte, existen otros que platean que se debe buscar el momento de mayor valor de la tecnología para licenciarla, lo que implica mayores beneficios para los desarrolladores de la investigación; aunque también podría darse que ese momento nunca llegue o, en su defecto, que en el momento de mayor valor no se encuentre al licenciatario tan buscado (Sullivan, 1995).

Es sabido que la transferencia tecnológica está inmersa en la industria del riesgo y, en este sentido, se cumple la premisa de que a mayor riesgo, mayor valor, y viceversa. Un tipo de riesgo que puede ser mejor manejado por quienes desarrollan, corrresponde a los riesgos técnicos, por lo que, teóricamente. mientras más desarrollo hay, menor sería el riesgo. En este sentido, es recomendable establecer una hoja de ruta que considere factores claves, como el progreso en el desarrollo de la investigación, la estrategia de propiedad intelectual, el análisis de factores regulatorios y la estrategia de comercialización. Para ello, es fundamental levantar recursos para continuar el desarrollo, disminuir el riesgo tecnológico y aumentar las probabilidades de su comercialización. Este proceso a menudo comienza tan pronto como se inician las gestiones de protección de la propiedad intelectual o incluso antes, para luego de esto identificar a los posibles licenciatarios e iniciar las negociaciones.

Búsqueda de interesados

Uno de los factores claves para poder transferir una tecnología es, sin lugar a dudas, encontrar personas o empresas interesadas en ella. En este sentido, existen diversas características o condiciones que pueden ayudar a identificarlas.

Una de las alternativas es que sean personas naturales o jurídicas, que sean titulares de alguna patente en el mismo campo de aplicación que la tecnología que se pretende transferir. En este sentido, si ya tienen tecnologías en el mismo ámbito, pudiesen estar interesados en conocer nuevos desarrollos similares.

Otra opción es que sean empresas del sector que ya tengan alguna solución en el mercado o que pudieran estar desarrollando soluciones alternativas al mismo problema que resuelve la tecnología que se quiere transferir. Es muy natural pensar que puedan estar interesadas en conocer soluciones alternativas.

También pueden ser empresas que poseen líneas de productos posiblemente complementarios al resultado de investigación y que podrían querer expandir su operación.

En algunas ocasiones, hay empresas que simplemente podrían buscar apoyar el desarrollo de la nueva tecnología o, incluso, de un emprendimiento asociado a la tecnología, ya que resultaría estratégico para el rubro. Por ejemplo, dado que se encuentran en mercados que están destinados a desaparecer, o bien, porque sus desechos podrían ser insumos para la producción de esta nueva tecnología, disminuyendo sus externalidades negativas.

Preparación

Al iniciar la negociación de una licencia, se deben considerar múltiples factores, como por ejemplo, el tipo de tecnología de que se trata, el riesgo percibido de la tecnología por parte del cliente, el estado actual de desarrollo de la invención, el costo proyectado para llevar la tecnología transformada en un producto al mercado, el tamaño del mercado potencial, el margen de ganancia, la robustez de las reivindicaciones de patente o la solidez de otras vías de protección de la propiedad intelectual, la probabilidad de que la o las solicitudes de patente sean otorgadas, y el costo estimado de la investigación que condujo a la invención, entre muchas otras (Van Norman & Eisenkot, 2017). Esto implica que antes de iniciar un negociación, es necesario prepararse muy bien para poder enfrentarla y manejar la información de todos estos factores, que serán cruciales a la hora de establecer el precio o, incluso, de cerrar el acuerdo.

Para realizar una adecuada negociación es fundamental conocer y comprender al potencial licenciatario, la historia de la empresa y el tipo de empresa, ya que la negociación podría ser diferente si se trata de una empresa familiar o de una empresa transnacional que se transa en bolsa. Si bien en ambos casos lo que se busca es poder maximizar los beneficios de los accionistas, sus motivaciones o, incluso, el riesgo que están disponibles a tomar, esas características tienen sus propias implicancias.

Por otro lado, también es clave conocer en profundidad la tecnología, cuáles fueron las motivaciones iniciales del equipo desarrollador, cuáles son los beneficios asociados, cómo se compara con sus competidores o sustitutos, etcétera.

En la negociación de un contrato de licencia, ambas partes deberían formularse las preguntas no solo respecto de su propia posición, sino que también de la probable posición de la otra parte. Así, cada uno estará en una mejor posición para negociar, si intenta comprender la posición del otro. Se trata de preguntas claves, como, por ejemplo, cuán relevante será la tecnología para el negocio, cuál es el poder de negociación de cada parte, cuánto tiempo hay para firmar el acuerdo de licencia, quiénes estarán en los respectivos equipos negociadores, cuáles son las posturas respecto de los temas o aspectos claves de la licencia, o cuál es la estrategia de negociación (OMPI, 2004).

Otro aspecto fundamental a la hora de negociar una licencia es el manejo de las expectativas, ya que cuando es un tercero quien negocia, por ejemplo una oficina de transferencia tecnológica o un *broker* tecnológico, es importante no solamente mantener bien informados a los inventores, sino también hacerles entender desde el comienzo qué es lo que se puede y qué es lo que no se puede alcanzar con la negociación.

Condiciones de un contrato de licencia

Lo más relevante en un contrato de licencia es establecer las condiciones para que un tercero utilice o explote la tecnología. Algunos de los aspectos más relevantes que deben ser considerados en cualquier licencia son los siguientes:

1. Contenido de la licencia

En el contenido de la licencia es necesario indicar con claridad qué es lo que se está licenciando. En este sentido, es aconsejable individualizarlo; por ejemplo, se podría hablar de un "paquete tecnológico" que incluye el conocimiento o *"know how"*, por su nombre en inglés, asociado al resultado de investigación y los derechos de propiedad intelectual que se gestionaron para proteger ese resultado, como patentes, derechos de autor, marca, un prototipo, etcétera.

2. Tipo de licencia

Otro aspecto fundamental a ser considerado en un contrato de licencia es el tipo de licencia que se puede otorgar, las que pueden ser clasificadas en dos categorías: licencias exclusivas y licencias no exclusivas.

Cuando hablamos de licencias exclusivas, nos referimos a que todos los derechos se otorgan a una única persona natural o jurídica y que, por ende, no se le pueden dar los mismos derechos o parte de ellos a otra. También están las licencias no exclusivas, las que implican que más de una persona natural o persona jurídica podría tener derechos de uso o explotación, al mismo tiempo.

Es importante entender que existen combinaciones de alternativas como, por ejemplo, exclusividad sujeta a ámbito de aplicación o exclusividad sujeta a un horizonte de tiempo establecido. También se puede otorgar exclusividad sujeta a hitos o alternativas para la coexclusividad, como son los territorios, los ámbitos de aplicación y otros.

3. Ámbito de aplicación de la tecnología

Otro aspecto relevante se refiere al ámbito de aplicación de la tecnología. Algunas tecnologías pueden tener un campo de aplicación acotado; por ejemplo, una vacuna contra un virus respiratorio. Puede ocurrir también, en otros casos, que una misma tecnología sea aplicable en distintos campos;, por ejemplo, una tecnología de análisis de datos puede servir para la toma de decisiones, tanto para el área médica como para el área de transporte.

El ámbito en una licencia podrá también cruzarse con la variable de la exclusividad y no exclusividad, y de esta forma determinar exclusividad en ciertos ámbitos y no exclusividad en otros.

A partir de lo anterior y en los casos en que las tecnologías tienen más de un ámbito de aplicación, una estrategia podría ser otorgar licencias exclusivas por ámbito, en cuyo caso y tomando el ejemplo anterior, sería posible dar derechos exclusivos a una empresa, pero solo sobre aplicaciones de área médica y, a la par, otorgar a otra empresa derechos exclusivos pero sobre aplicaciones del área de transporte.

4. Territorio

También es importante acordar en el documento de licencia qué territorios se encuentran comprendidos dentro de los derechos otorgados. Los derechos de propiedad intelectual se entregan por país, por lo tanto, los derechos de uso también se entregan por país, aunque podrían otorgarse en una región específica dentro de dicha nación. Si se posee protección en más de un país, esto permite entregar derechos con ciertas características en un territorio, y otros completamente distintos en otro territorio, de manera de poder diversificar el riesgo del negocio. Por otra parte, si una empresa tiene operaciones en un territorio en particular, puede no estar interesada en recibir derechos en otros territorios.

Otro aspecto a considerar es que resulta muy común que una empresa quiera tener derechos en todos los territorios, no necesariamente porque tiene operaciones en todos los países, sino porque prefiere no tener competidores con la misma tecnología en el mundo.

Algunos plantean que no es posible otorgar un derecho más grande que el que se tiene, y que, por lo tanto, solo es posible otorgar derechos en aquellos territorios en los cuales la tecnología se encuentra debidamente protegida. En este sentido, si se poseen derechos de patente solo en un país, no podrían darse derechos exclusivos a un tercero en otra nación. Sin embargo, otros plantean que sí es posible otorgar licencias con carácter mundial o con vigencia para territorios específicos, aunque no se posea protección en todos los territorios. Lo importante a entender es que en los territorios sin protección la tecnología se hace más vulnerable, ya que puede ser copiada.

La territorialidad de una licencia podrá también cruzarse con la variable de la exclusividad y no exclusividad, además del ámbito de aplicación. Es decir, se podría dar una licencia exclusiva en un cierto territorio para un ámbito de aplicación particular y en otro territorio, una licencia no exclusiva o exclusiva para el mismo ámbito o para otros ámbitos.

5. Duración de la licencia

La duración de la licencia se refiere a por cuánto tiempo se le otorgan al licenciatario los derechos para poder usar o explotar la tecnología. Después de ese tiempo, el licenciatario pierde los derechos.

Algunos plantean que las licencias pueden otorgarse como máximo por un plazo equivalente a la duración de los derechos de propiedad intelectual, es decir, si se licencia una patente, no se puede licenciar por más tiempo que el periodo de vigencia de la patente de invención, es decir veinte años. Otros plantean que se pueden entregar por más tiempo, ya que debido a que en algunos casos se licencia un paquete tecnológico que incluye *know how*, es posible licenciarlo por un tiempo mayor a la duración de la patente, aunque, como se vio en el caso anterior, la tecnología se hace más vulnerable de ser copiada.

También es posible licenciar una tecnología por plazos menores, lo que en algunos casos establece la posibilidad de renovación si se cumplen algunos requisitos, o incluso renovaciones automáticas. Si se licencia en forma indefinida, es recomendable establecer condiciones de terminación al no cumplimiento de algunas cláusulas previamente establecidas, lo que crea incentivos para seguir desarrollado y explotando la tecnología. Sin embargo, ello también produce un grado de incertidumbre al licenciatario.

La duración de la licencia podrá también cruzarse con la variable de la exclusividad y no exclusividad, y determinar un plazo de derechos exclusivos y, posteriormente, derechos no exclusivos. Lo mismo con ámbito y con territorialidad, es decir, se puede otorgar una licencia por un periodo determinado en un ámbito específico para un territorio particular, en forma exclusiva o no exclusiva, así como también otorgar una licencia en forma perpetua en todo el mundo y para todos los ámbitos de aplicación, de manera exclusiva.

6. Contraprestación de la licencia

Otro aspecto clave es la contraprestación de la licencia. A cambio del otorgamiento de la licencia, el titular establecerá las condiciones de contraprestación, las cuales pueden ser de diferentes tipos.

Gratuita: en algunos casos no se establecerá contraprestación económica. Sin embargo, que no se requiera el pago de *royalties* u otros pagos, no implica que no se establezcan ciertas condiciones para que esto ocurra; como, por ejemplo, que permita el acceso gratuito al usuario final o en un territorio específico; que se trate de donación de productos; que no pague por la licencia pero que se comprometa a poner en el mercado el producto de acuerdo a un plan de trabajo específico; que se comprometa a proveer información al licenciante que beneficiará al equipo de investigación en su investigación; que publicite que el desarrollo ha sido generado por el licenciante, o que cubra todos los gastos de patentes mientras dure la licencia, entre otros.

Onerosa: en la mayoría de los casos, se exigirá algún tipo de contraprestación económica. En este sentido, y si bien existe libertad de las partes para pactar el tipo y monto de la contraprestación que se abonará, existen algunas clases de contraprestación habitualmente usadas, que pueden presentarse en las licencias de manera única o como una combinación de más de una de ellas.

Pago inicial: también conocido como *up front payment* por su nombre en inglés, se trata de una suma de dinero a abonar al momento de la firma de la licencia. Esto se aplica en general cuando la tecnología se encuentra en una fase de desarrollo avanzada o cuando presenta alto interés de parte del licenciatario a raíz del impacto de su desarrollo.

Regalías: es el tipo de contraprestación más habitual. También es conocido como *royalty* por su nombre en inglés, y consiste en un porcentaje fijo o variable a establecer recomendablemente sobre ventas netas, aunque también podría ser sobre utilidades, asociadas al resultado de investigación licenciado y la propiedad intelectual vinculada. Generalmente es menor a un 10% y va a depender de múltiples factores, como por ejemplo del estado de desarrollo, el ámbito de aplicación, los márgenes operacionales del negocio y, por supuesto, la negociación que se realice. En general, las licencias de softwares son aquellas que reciben un *royalty* mayor, y los desarrollos biomédicos corresponden a *royalties* menores. También va a depender de si la tecnología es una parte y pieza de un desarrollo mayor o es el producto final a comercializar, es decir de si es un anticuerpo monoclonal de varios anticuerpos como parte de una vacuna o, bien, corresponde al desarrollo de una vacuna en sí. Si se trata de la segunda situación, el *royalty* sería más alto que en la primera, ya que en la mayoría de los casos se acuerda sobre el precio de venta del producto final. Esto es debido a que es muy complejo auditar las utilidades de una empresa o revisar en detalle su contabilidad, por lo que se establecen procesos de fácil revisión, como es la facturación final.

Las regalías también pueden ser escalonadas, es decir, hasta cierto monto de ventas se cobran ciertas regalías y sobre esos montos acumulados se cobra un porcentaje de regalía mayor. Es usual encontrar entre dos y cuatro tramos de regalías.

Sumas fijas: suelen utilizarse en los casos en los que no existirá venta sobre la cual cobrar regalías. Por ejemplo, si se trata de una tecnología de proceso o una herramienta de investigación; cuando el cálculo de la regalía resulta muy difícil, por ejemplo, porque la tecnología licenciada se incorporará a su vez como parte de otra tecnología; o cuando se prefiere eliminar incertidumbre.

Pagos por hitos: en algunos casos, los pagos, su suspensión, aumento o reducción progresiva se encuentran sujetos al cumplimiento de hitos, como, por ejemplo, inicio u obtención de aprobaciones regulatorias; concesión o rechazo de patentes; escalamiento de la tecnología; ingreso en otros mercados, entre otros.

Por lo general, en una misma licencia, suelen combinarse varias o algunas de las alternativas vistas anteriormente.

7. Terminación

Mientras la terminación natural de un convenio de licencia se da por el cumplimiento del plazo establecido en el documento de acuerdo, también puede ocurrir que una de las partes haya incumplido una o más obligaciones previstas a su cargo en la licencia. Algunas de estas son:

Hitos: los hitos de desarrollo, escalamiento, acciones preparatorias comerciales tales como aprobaciones regulatorias, el ingreso a determinados mercados u otros pueden condicionar la continuidad de la licencia, o bien su conversión a *no exclusiva*.

Pagos: el incumplimiento del esquema de pagos previsto también podrá implicar la terminación de la licencia.

Otras obligaciones: por ejemplo, el envío de reportes a tiempo, la falta de pagos de gastos asociados a tramitación, mantenimiento o defensa de los derechos de propiedad intelectual, también podrán implicar la terminación si así ha sido previsto en la licencia.

8. Mejoras o nuevos desarrollos

Es importante determinar si quien adquiere una licencia puede o no generar mejoras o nuevos desarrollos a partir de la tecnología licenciada y si existen regalías asociadas a su explotación, así como también quién o quiénes serán propietarios de estas mejoras y nuevos desarrollos.

Al igual que todos los aspectos antes abordados, los derechos deben ser expresamente otorgados, por lo que si alguien que desea adquirir una tecnología quiere realizar investigación a partir de ella con el objetivo de generar nuevos desarrollos o mejoras, debe contar con una autorización por parte del titular de la tecnología y con derechos de propiedad intelectual originales.

9. Derechos de sublicencia

Otro de los factores a considerar es si se darán derechos o no a sublicenciar. Esto quiere decir si la empresa que recibe la tecnología podrá o no pasársela a un tercero para que la use o explote. Es usual que las empresas tengan derecho a sublicenciar prestando atención en algunos aspectos. Por ejemplo, si la empresa es o no relacionada a la empresa que tiene los derechos originales, es importante evitar que la sublicencia sea solo con fines de pagar menos regalías. Otro de los factores importantes es que se considera que una sublicencia debería pagar entre cuatro y cinco veces lo que se paga por una licencia; es decir, si la regalía de una licencia es 5%, la de una sublicencia debería ser entre un 20% y un 25% de las ventas. Esto, debido a que cuando el licenciatario explota el producto, él debe cubrir costos o de producción o de comercialización, versus a que si lo explota un sublicenciatario el licenciatario recibirá los ingresos íntegros. Por ejemplo, si un licenciatario lo vende a 100 y las regalías son de un 5%, los ingresos para el desarrollador de la tecnología serán 5. Si el licenciatario lo sublicencia, por ejemplo, a un 10% y el sublicenciatario lo vende a 100, el licenciatario recibirá 10 y el desarrollador de la tecnología, un 25% del 10, es decir 2,5. Esto tendrá sentido cuando el sublicenciatario pueda masificar la tecnología y, por ende, los ingresos sean mayores para todos.

10. Hitos

Uno de los objetivos fundamentales de licenciar una tecnología es que llegue al mercado y finalmente se esté utilizando. En este sentido es muy importante establecer condiciones para que esto ocurra y, si no está ocurriendo, contar con la posibilidad de entregar los derechos a otro tercero para que pueda hacer los esfuerzos con el fin de llevar la tecnología al mercado.

Uno de los mecanismos objetivos que permiten medir si los esfuerzos y los resultados son los correctos es el establecimiento de hitos, ya sean hitos técnicos o comerciales. Esto permitirá poner término anticipado, si no se cumplen las condiciones, hasta recibir pago por hitos cumplidos.

11. Revisiones periódicas

Otro factor clave son las revisiones periódicas. En general, se establece entrega de informes semestrales o anuales y, a su vez, se incluye una cláusula en la que se autoriza la realización de las auditorías, principalmente cuando existen dudas respecto de si la información que se ha entregado es verídica. Se determina también que si existe un error mayor al 5% en la información entregada, quien paga la auditoría es quien cometió la falta. Si, en cambio, la diferencia es menor al 5%, quien paga la auditoría es quien la solicitó.

12. Reembolso y pago de patentes

Un aspecto muy importante a considerar es el costo de mantener las patentes. En algunos casos, el licenciatario paga a la institución los costos directos incurridos en la protección de la propiedad intelectual previamente a ser licenciado y, en la mayoría de los casos, asume los costos futuros de protección. Uno de los incentivos que tiene el licenciatario para esto es que para mantener activas las patentes es muy importante realizar los pagos correspondientes y se prefiere no correr el riesgo de que el licenciante deje de hacerlo. Por otro lado, las patentes son activos financieros, por lo que tienen un tratamiento especial en la contabilidad. Todo lo anterior ocurre cuando la licencia se entrega en forma exclusiva. De no ser así, es difícil lograr que el licenciatario realice los pagos.

Los aspectos relevantes de una licencia, como el contenido, el nivel de exclusividad, la duración, el territorio y los costos, entre otros, son determinantes a la hora de su negociación y pueden ser combinados dependiendo del tipo de licencia requerida.

Por ejemplo, se puede otorgar exclusividad, pero en una aplicación específica de la tecnología. En el caso de una tecnología de mejoramiento genético aplicable a múltiples cultivos, se podrían otorgar derechos respecto de un cultivo específico, como puede ser el maíz, y se reservaría el derecho respecto de otros cultivos, como la soya o el arroz, para uso propio o para licenciárselo a otro. Es decir, la exclusividad puede quedar sujeta al ámbito de aplicación.

Por otra parte, se puede otorgar exclusividad sujeta a un determinado plazo, lo que consiste en entregar derechos exclusivos por cierto tiempo que se considera adecuado para, por ejemplo, que el licenciatario recupere su inversión.

Los derechos exclusivos también pueden quedar sujetos a cierto territorio relevante para el negocio, y pueden no ser exclusivos para otro territorios. También se puede mantener la exclusividad mientras se cumplan ciertos hitos preestablecidos y, en caso de no cumplirse, se transformará en no exclusiva.

Finalmente, la exclusividad en más territorios o ámbitos también puede quedar sujeta a una contraprestación económica mayor.

Una de las formas de entender cómo lograr una buena combinación de estos aspectos es pensar que cada una de estas condiciones es un sonido que se debe regular a través de una mesa de mezcla de audio o mesa ecualizadora, en la cual, una vez que las señales sonoras entran, estas se combinan de diversos modos para dar como resultado de salida una mezcla de audio esperada. Si una de las señales sonoras está muy alta o muy baja, el sonido final no es el más adecuado. Lo mismo ocurre con las condiciones de una licencia. Si una de ellas queda muy "alta", es posible que el contrato no "suene" bien. Por lo tanto, si es necesario "subir" una de las condiciones, es muy probable que haya que "bajar" otra de ellas para que el contrato "suene" bien para ambas partes.

En resumen, se pueden realizar diferentes combinaciones de estos aspectos: grado de exclusividad, ámbito, contenido, territorios, duración y contraprestación, entre otros, con el fin de resguardar un uso apropiado de la tecnología y obtener los beneficios esperados de su transferencia. Para definir la estrategia más adecuada, resulta clave comprender qué es lo cada uno de los actores involucrados desea lograr con la transferencia de una tecnología en particular y, a partir de allí, escoger la mejor combinación estratégica.

Negociación

Como indica la guía "Cómo negociar licencias tecnológicas" de la Organización Mundial de la Propiedad Intelectual (OMPI, 2004), la negociación de una licencia es un proceso muy complejo debido a que posee muchas aristas y el cambio en una de las variables puede afectar las otras ya acordadas, por lo que será necesario revisitarlas cada vez que haya cambios. Muchas de estas variables son esenciales, por lo que se hace difícil obviar alguna en beneficio de otra. Sin embargo, también es cierto que algunas variables esenciales son más importantes que otras, por lo que darán un margen de maniobra a la hora de negociar.

La guía también plantea que es importante entender que, si ambas partes tienen condiciones esenciales que no son transables y hacen que no se pueda llegar a acuerdo, es mejor terminar la negociación y no forzarla. En este sentido, será mejor no haber firmado un acuerdo con condiciones completamente desfavorables para una de las dos partes, en vez de haberlo firmado y que fracase en el corto plazo.

Una de las alternativas en la negociación es revisar las condiciones y ver si se puede cambiar de posición. Esto ocurre cuando se incluye nueva información de contexto o se accede a información con la que no se contaba al comienzo, lo que hace repensar las condiciones esenciales. Es muy importante no perder la visión entre las condiciones esenciales y los objetivos comerciales, con el fin de poder llegar a acuerdo en la negociación. Para ello, es necesario prepararse muy bien, comprender las condiciones esenciales y saber cuánto espacio hay para moverse entre ellas (OMPI, 2004).

El cierre de una negociación exitosa radicará en la capacidad que tenga el negociador para explicar en forma convincente y clara los objetivos de la negociación, y los beneficios para ambas partes, en el momento adecuado y en la forma correcta. No hay que confundir una negociación con una batalla. No es necesario alzar la voz ni pelear, ya que eso daña una relación que se espera sea de largo plazo, debido a que es probable que quede mucho tiempo para que la tecnología licenciada llegue al mercado, o a que se espera trabajar colaborativamente en nuevas versiones de la tecnología o, incluso, desarrollar nuevas tecnologías juntos. Todo esto podría llevar a que, si se mira una licencia aislada del contexto y de las motivaciones detrás de la negociación, existiría la posibilidad de que se concluyera que se negoció mal.

Por lo tanto, el éxito de una negociación radicará en la preparación previa y en la capacidad de los negociadores de llegar a acuerdo.

Para comenzar una negociación, es conveniente hacerlo en forma presencial, en una reunión relajada y amistosa, en la que ambas partes muestren sus intereses y ambiciones respecto del acuerdo, y se puedan establecer expectativas, como el tiempo que esperan que dure la negociación. En una primera reunión no se mostrará toda la información; es muy común que ambas partes guarden algo de información tanto comercial como técnica.

Es recomendable dejar la firma de acuerdos de confidencialidad para más adelante y cuando sea estrictamente necesario. Solicitar anticipadamente firmar un acuerdo para guardar secreto sobre la información intercambiada podría generar roces innecesarios o arruinar la negociación que recién está partiendo.

Resulta importante destacar también que el lugar donde se realizan las reuniones influye en la negociación. Quien oficie de anfitrión se sentirá más seguro, por lo que tendrá un poder de negociación mayor que la visita. En ese sentido, es bueno turnarse o buscar un lugar neutral, en caso de ser necesario.

En una siguiente reunión se deben discutir las condiciones esenciales, sin dejar nada de lado pero sin buscar llegar necesariamente a acuerdo en ese momento. Así se despeja lo relativo a aquellas en las que se está de acuerdo, y se deja para un siguiente encuentro lo referente a las que generan más distancia.

Para poder llegar a acuerdo, en algunos casos se utiliza el argumento de que son "prácticas habituales", el que no siempre es convincente ya que cada negociación y caso es particular. En ese sentido, es mucho más recomendable remitirse a las conversaciones iniciales, recordar lo que cada parte esperaba de este acuerdo y cómo una u otra condición permitirá cumplir ese objetivo.

No es recomendable llegar a la primera negociación con abogados, pero es importante incluirlos en la negociación, ya sea revisando los acuerdos o participando en las reuniones más temprano que tarde.

Una vez que se llegue a acuerdos, es muy importante que no pase mucho tiempo antes de firmar el documento de acuerdos, aunque no sea el contrato de licencia definitivo.

Firma y seguimiento

La firma de un contrato de licencia es solo el comienzo de una larga relación, por lo que se recomienda que una vez que se haya firmado, se realice un acto simbólico o una celebración con la contraparte, ya que se está iniciando una relación comercial. El acuerdo es el principio y se transforma en una guía importante de lo que debería suceder en una relación comercial compleja basada en la tecnología.

Los términos de una transferencia tecnológica pueden ser simples, pero las licencias de tecnología generalmente son más complejas y a menudo imponen condiciones importantes, cuyo incumplimiento puede crear responsabilidad legal y desconfianza empresarial. Por ello requieren ser revisadas por abogados, lo que hace que el proceso sea más largo y complejo (OMPI, 2004).

Debido a que los contratos de licencia tienen derechos y obligaciones para ambas partes, es muy importante que todos, en ambas organizaciones, conozcan en profundidad la licencia y sus términos.

Los acuerdos a menudo tienen fechas importantes que deben ser recordadas. Por ejemplo, si una de las partes ha aceptado pagar a la otra en función del cumplimiento de ciertos hitos, estos deben ser verificados y cobrados por la otra parte. También es fundamental para la empresa realizar un seguimiento de los plazos para la entrega de prototipos de la tecnología y la documentación, y verificar si se están cumpliendo los plazos para la investigación y desarrollo. Las licencias de tecnología generalmente implican el pago de regalías. De esta forma, si se es el licenciante, se necesitará un sistema para realizar un seguimiento de los pagos y monitorear la recaudación de regalías; en cambio, si se es el licenciatario, se deberá llevar un registro de las regalías a pagar y mantener la documentación adecuada. Es aconsejable revisar el acuerdo e identificar dichos términos, y asignar la responsabilidad del seguimiento de cada uno (OMPI, 2004).

Finalmente, el contrato de licencia generalmente tendrá una fecha de finalización, vencimiento o renovación. En ese momento se querrá consultar el acuerdo para ver qué términos clave han sido ventajosos y cuáles deberían revisarse si se va a renovar la licencia (OMPI, 2004).

Capítulo

5

Emprendimiento basado en ciencia

Aspectos claves del emprendimiento basado en ciencia

Una tecnología se puede transferir a una compañía que ya se encuentra operando en el mercado, o bien se puede crear una empresa para que la desarrolle, la use o la explote. A esta última se la denomina emprendimiento basado en ciencia o *spin off*.

Los emprendimientos basados en ciencia juegan un rol clave en el desarrollo tanto técnico como comercial de la tecnología. Es por eso que su creación cobra mucha relevancia en los procesos de transferencia tecnológica.

Por lo tanto, se entenderá por emprendimiento basados en ciencia a la conformación de una empresa para usar, desarrollar o explotar un resultado de investigación creado dentro de una universidad o alguna institución que desarrolla ciencia, empresa en la que, al menos, participa una de las personas de la institución que ha generado el resultado de la investigación, o bien la misma institución bajo el alero de la cual se creó la tecnología.

A estos emprendimientos también se les puede denominar *spin off*, nombre en inglés que hace referencia a que es un desarrollo que se genera dentro de una organización científica y que se "empuja" hacia "afuera", de manera de darle vida propia e independiente.

Si bien es cierto crear un *spin off* no es fácil, se trata de una iniciativa que tiene ventajas importantes para los investigadores. Una de ellas es que estos pueden seguir desarrollando sus actividades académicas dentro de la universidad y en forma paralela realizar las labores de su emprendimiento, lo cual debe ser previamente acordado con la institución.

Otra de las motivaciones para la creación de un *spin off* es que puede implicar beneficios monetarios tanto para los equipos de investigación como para la institución. Esto, a su vez, conllevará la creación de puestos de trabajo altamente calificados y un estímulo a la economía del país.

Sin embargo, una de las grandes motivaciones para iniciar el camino del emprendimiento basado en ciencia es lograr que el bien o servicio desarrollado pueda estar efectivamente en el mercado, resolviendo un problema. Es muy probable que el solo hecho de verlo materializado sea suficiente para querer embarcarse en el desafío.

Antes de optar por cualquier decisión, los investigadores deben comprender que el primer objetivo de una empresa es ser rentable, por lo que las decisiones que se tomen deben perseguir la estabilidad financiera, entendiendo que la investigación dentro de la empresa es un medio y no un fin en sí mismo.

En la publicación *Dynamics of Science-based entrepreneurship* (Colombo *et al.*, 2010) se plantea que la mayoría de los emprendimientos basados en ciencia no logran un alto crecimiento. Sin embargo, la tecnología que desarrollan puede contribuir significativamente a dar soluciones concretas a sus clientes, o puede ser transferida y explotada con éxito por otras empresas. Es decir, aunque la mayoría de los emprendimientos basados en ciencia no entran en la categoría de alto crecimiento, sí pueden jugar un papel muy importante en los mercados en el que están insertos.

Existe una gran diferencia entre crear un emprendimiento tradicional no basado en investigación y un emprendimiento basado en ciencia. Sin embargo, ambos deben enfrentan desafíos similares, como los riesgos de mercado asociados a entender bien a sus clientes y los riesgos técnicos relacionados al desarrollo tecnológico, aunque, debido a que se encuentran en la frontera del conocimiento, los emprendimientos basados en ciencia pueden representar un riesgo mayor a los tradicionales. (Lubik & Garnsey, 2016) plantean que también implican otro tipo de riesgos, como los asociados a la falta de experiencia comercial en el equipo emprendedor, a la necesidad de altos recursos financieros por lo costoso de su concreción y a los objetivos divergentes sobre cómo avanzar en el desarrollo de la ciencia versus la creación de valor comercial.

Los emprendimientos basados en ciencia no siempre son la mejor alternativa para transferir una tecnología al mercado, ya que presentan muchos desafíos e implican altos costos, por lo que es muy importante analizar cuándo conviene realizarlos. Existen algunas condiciones que hacen más razonable tomar la decisión, como contar con buenas capacidades del equipo emprendedor, haber creado una plataforma tecnológica de desarrollo o requerir inversión de capital financiero elevado.

Para la conformación de una empresa basada en ciencia, las características del equipo emprendedor son tanto o más importantes que la misma tecnología que se pretende llevar al mercado, por lo que la interdisciplinariedad de sus miembros es determinante para impulsar el emprendimiento. Es muy importante contar con personas con conocimientos técnicos, lo que es muy usual en equipos de desarrolladores, pero, al mismo tiempo, es fundamental que participen personas que tengan un perfil de negocios o de gestión para lograr un balance que permita llevar adelante el emprendimiento. En línea con lo anterior, la confianza entre los miembros del equipo en la real complementariedad de sus habilidades y la descentralización de decisiones por ámbitos de competencia también son factores clave para el éxito de un emprendimiento.

Por otro lado, la creación de un *spin off* cobra mayor sentido cuando se tiene una tecnología innovadora con alto potencial de crecimiento y con una idea de negocio que permita su explotación comercial. En esta línea, uno de los aspectos que se debe contemplar, a la hora de tomar la decisión de si armar o no un emprendimiento basado en ciencia, es si la tecnología favorece un modelo de emprendimiento. Es decir, hay desarrollos tecnológicos que son plataforma y que permiten generar, a partir de ella, múltiples desarrollos tecnológicos que se pueden materializar en diversos productos que satisfagan más de una necesidad en el mercado y que incluso apunten a clientes diferentes.

Pensemos, por ejemplo, en una tecnología que permite modelar y diseñar materiales de construcción y generar productos con diferentes características que pueden utilizarse para construcción de obras civiles. Si adicionalmente la misma plataforma tecnológica permitiera crear materiales para insumos médicos, significaría que se está apuntando a mercados distintos: de este modo, se diversificaría el riesgo y podrían aumentar las probabilidades de éxito, por lo que convendría crear un *spin off*.

Por lo general, el desarrollo de la tecnología requiere de capital financiero alto y, para ello, no es suficiente el financiamiento público. Para lograr recursos privados, se necesita la creación de un emprendimiento como vehículo para el financiamiento del desarrollo tecnológico.

De todos modos, no se debe olvidar que un excelente equipo sin una tecnología no es suficiente para levantar inversión, y viceversa. Generar un emprendimiento de base tecnológica no siempre es la alternativa más adecuada y, por lo tanto, debe ser analizada caso a caso, teniendo en cuenta múltiples variables. Sin embargo, los beneficios potenciales de este camino pueden llegar a ser enormes.

Consideraciones de un emprendimiento basado en ciencia

Perfil del emprendedor

La publicación *Dynamics of Science-based entrepreneurship* (Colombo *et al.*, 2010) se analizó las características del emprendedor en relación al éxito del emprendimiento. En el estudio se evidencia, por ejemplo, que existe una relación positiva entre el éxito del emprendimiento y los años de educación universitaria en temas de economía y gestión, en comparación con los años de educación universitaria en ciencias y campos técnicos, la cual no influye mayoritariamente en el éxito a la hora de emprender. También se observó que la experiencia laboral previa en la misma industria en la que se desarrolla el emprendimiento tiene un impacto positivo, por sobre la experiencia laboral técnica. Sin embargo, la experiencia laboral comercial de los emprendedores no contribuye al crecimiento, a menos que esté asociada a la experiencia técnica específica de la industria, señala el estudio.

Por otra parte, en el estudio *Researching scientific entrepreneurship in New Zealand* (Menzies, 2012) Science and Technology (RS&T se hace una comparación entre las características de los emprendedores y los científicos a la hora de desarrollar un negocio. Dentro de los atributos estudiados, se encuentran la disponibilidad a asumir riesgos, la apertura para experimentar y la capacidad de reconocer oportunidades. También se analiza la importancia de la inteligencia emocional y las habilidades sociales e interpersonales para construir y cultivar redes y desarrollar capital social.

La disposición a tomar riesgos es un tema que aparece recurrentemente cuando se analizan los atributos requeridos en un emprendedor científico. Sin embargo, hay estudios que indican que no es solo una función de la personalidad, sino que también parece reflejar el contexto social y organizacional (Menzies, 2012).

En el estudio también se señala que las características que se requieren para hacer ciencia difieren de las características para emprender y a menudo se consideran ellas como atributos antagónicos. Aun así, muchos de los rasgos requeridos por los científicos no son inherentemente distintos de los requeridos por personas que trabajan en muchos otros ámbitos: por ejemplo, imaginación, autocrítica, diligencia y curiosidad.

El estudio continúa planteando que al igual que los emprendedores, los científicos detectan oportunidades y asumen riesgos, aunque tienen menos foco o interés en aspectos financieros. Sin embargo, uno de los aspectos que podría considerarse diferente es que los científicos tienen la motivación de generar, difundir e intercambiar información, y eso se puede contraponer con la necesidad de mantener confidencialidad en aspectos de negocios, por lo que el desafío es encontrar el justo equilibrio entre ambas. En este sentido, los científicos no requieren reemplazar el altruismo por el beneficio económico, sino que, más bien, considerar la obtención de ganancias como un medio para servir a su unidad, hacer ciencia y contribuir al bien común.

En el estudio *Effectuation and causation in science-based new venture creation* (Villani *et al.*, 2018) se plantea que los emprendedores científicos parecen confiar más en la planificación que los emprendedores tradicionales, quienes se muestran más inclinados hacia la flexibilidad. Se plantea que, debido a que los emprendimientos basados en ciencia requieren mucho tiempo desde que comienza la investigación básica hasta que se piensa en la creación de la nueva empresa, se necesita planificación más que flexibilidad.

El estudio continúa analizando la aversión al riesgo por parte de los emprendedores científicos y concluye que esta se halla relacionada con la asimetría de información sobre la dinámica del mercado y las variables relacionadas con el negocio.

Existen diversos estudios que han demostrado ciertos rasgos de personalidad comunes entre todos los emprendedores exitosos, como persistencia, perspectiva innovadora, alto nivel de energía y propensión al riesgo y la eficiencia. Además, los factores que tienen un mayor vínculo con el éxito emprendedor son la alta eficacia, la capacidad de detectar y reconocer oportunidades, la alta perseverancia personal, el alto capital humano y social, y las elevadas habilidades sociales (Menzies, 2012).

También es cierto que muchas de esta capacidades o habilidades se pueden desarrollar y, sobre todo, complementar con conocimiento de otras personas, por lo que cada inventor tiene la posibilidad de ser un emprendedor si su motivación está siendo impulsada por el deseo de explotar su invención comercialmente.

El equipo

El equipo emprendedor es fundamental para llevar adelante un emprendimiento basado en ciencia, y una buena conformación de este aumenta las posibilidades de éxito del negocio. Es importante comprender que los equipos fundadores no pueden considerarse como un concepto estático (Colombo *et al.*, 2010), ya que a lo largo de la vida del emprendimiento la composición del equipo probablemente cambiará, complementándolo, por lo general, con capacidades de gestión y de negocio, así como también puede ocurrir que algunos miembros del equipo dejen de participar. Es muy común que los equipos fundadores de los emprendimientos basados en ciencia estén desequilibrados en términos de ser altamente experimentados en investigación y desarrollo, a la vez que carentes en funciones comerciales y experiencia tecnológica aplicada.

Lo más común es que los equipos comiencen con un grupo técnico muy bueno que, por lo general, está disponible para dedicar el tiempo necesario al proyecto. Es normal que el equipo técnico no se sienta completamente seguro a la hora de emprender, ya que los elementos requeridos para crear una empresa a partir de una tecnología son muy diferentes a crear la tecnología en sí (Sethi, 2016).

Existen dos perfiles claros y necesarios a la hora de conformar un equipo emprendedor. Por un lado, están las personas de negocios que entienden que se necesita una tecnología muy sólida con una ventaja competitiva sobre la que se pueda construir una empresa. Por otro, están las personas más técnicas que frecuentemente tienen una visión sesgada hacia la comercialización y, en la mayoría de las ocasiones, ni siquiera comprenden los desafíos que esta implica (Sethi, 2016).

Otras de las diferencias entre los científicos y quienes están más orientados hacia los negocios es que los primeros buscan perfeccionar constantemente los desarrollos para obtener resultados cada vez mejores, en contraposición con quienes tienen una visión más comercial, que se enfocan en llevar la solución al mercado lo antes posible ya que en la medida en que están en contacto con los usuarios, pueden darse cuenta no solo de cuáles son los desafíos del mercado, sino también de cuál es el valor percibido para el cliente final, y de cuáles son los desafíos para seguir desarrollando la tecnología.

Como es sabido, los investigadores lo hacen por el bien de la investigación y por crear conocimiento, y esto es lo que permite nuevos descubrimientos. Esto hace que muchas veces se haga difícil sintonizar sus intereses intelectuales con la necesidad de llevar su innovación al mercado. Pero, luego, una vez identificada la tecnología con una ventaja comercial clara, el enfoque debe ser llegar al mercado lo antes posible. Y como la tecnología no es nada sin el equipo técnico, esto implica que el equipo de investigación debe estar motivado para enfocarse en llevar la tecnología al mercado con la mayor velocidad posible. De lo contrario, puede suceder que una tecnología mejor o más barata, o incluso una tecnología inferior pero que funcione, llegará primero (Sethi, 2016).

Comercializar una idea requiere un alto grado de motivación ya que cada paso está plagado de desafíos y caídas, lo que hace crítico estar alineados en la visión entre los miembros del equipo. Si uno de ellos desea tener una pequeña empresa que sea totalmente propiedad de los socios iniciales, esto podría entrar en conflicto con la visión de otro miembro que quiera perseguir una ampliación global, para la que requerirá muchas partes interesadas externas, incluyendo inversionistas de riesgo de corto plazo y socios estratégicos de largo plazo (Sethi, 2016).

Entonces, se recomienda conformar equipos interdisciplinarios y complementarios, ya que no todos tienen las mismas competencias. También es importante acordar de antemano roles en el equipo –como, por ejemplo, quiénes estarán a cargo del liderazgo técnico, y quiénes a cargo del liderazgo comercial– y asignar ámbitos de decisión por competencias de cada miembro. Otro de los factores que en general produce problema entre los equipos, está en los tiempos de dedicación, por lo que es muy importante establecerlos claramente desde el principio. Finalmente es clave medir las expectativas de los miembros del equipo, ya que eso permitirá comprobar si están alineados o no. Esto es fundamental, ya que habitualmente las cosas no ocurren con la velocidad que se espera, por lo que es muy relevante manejar la frustración.

En esta etapa es imprescindible establecer quién será el líder del proyecto, quién coordinará el trabajo con el equipo, quién será la cara visible del emprendimiento y quién será la persona que no descansará hasta llevar esta iniciativa al éxito. Esta figura se denomina *champion*, en inglés, y es usual también que reciba el nombre de gerente general del emprendimiento o CEO, por las sigla en inglés de Chief Executive Officer. Dejar esto sin resolver puede traer graves consecuencias en el equipo, y dificultad para poder conseguir inversión privada.

Ocurre además que los integrantes del equipo tienen diferentes puntos de vista, por lo que es importante saber escuchar, aceptar la retroalimentación y aprender de los errores. Esto también se aplica para personas externas al emprendimiento, como, por ejemplo, eventuales inversionistas o evaluadores, asesores, cuyos aportes pueden ser de gran valor.

Desarrollo comercial

Un aspecto clave a la hora de conformar un *spin off* es tener clara la estrategia comercial. Si bien es cierto este es un ejercicio teórico, permite analizar las diferentes aristas del negocio y se puede convertir en la hoja de ruta del equipo emprendedor.

En este proceso se debe analizar la oportunidad del negocio, la propuesta de valor y el análisis técnico comercial. Además se debe contemplar el análisis financiero que permitirá facilitar las gestiones de búsqueda de recursos. En general, estos análisis se hacen para los tres o cinco años siguientes.

Algunos estudios han demostrado que los emprendimientos que se desarrollan en permanente contacto con el mercado y sus potenciales clientes, participando estos, por ejemplo, en el diseño de los productos, tienen mayor probabilidad de éxito, ya que permiten una permanente validación y eventual adaptación de los desarrollos mediante este diálogo fluido entre la ciencia y el mercado

El desarrollo científico hacia la solución de problemas del mercado ha sido un desafío permanente de universidades y centros de investigación, ya que al impulsar las investigaciones están poco relacionadas con los problemas de la sociedad y el sistema productivo, a raíz de la falta de diálogo entre ambos mundos o la forma diferente de entender cómo resolver un mismo problema.

Con respecto al modelo de negocios, es importante tenerlo claro desde una primera etapa, comprender adecuadamente cuál es la propuesta de valor y revisarla en la medida en que se pueda con actores clave. También es fundamental evitar sobreestimar la oportunidad de mercado o subestimar a los competidores, y finalmente elegir cuidadosamente a los inversionistas en función de las necesidades en cada etapa determinada, y precisar qué se requerirá de ellos como conocimiento en un área específica: apoyo estratégico o solo dinero. Es cierto que en la mayoría de las oportunidades son los inversionistas quienes escogen a los emprendedores, por lo que es fundamental construir un relato coherente como empresa.

La constitución legal es el paso previo a la puesta en marcha de la empresa y se relaciona con la gestión de los trámites legales y administrativos necesarios para constituir oficialmente la empresa. En algunos casos es conveniente esperar el levantamiento de capital privado para recién constituir, debido a que los inversionistas ponen ciertas condiciones para invertir. Claramente, el que la empresa pueda comenzar a funcionar sin el levantamiento de capital, es algo que se puede constituir antes.

En el caso de la tecnología, es importante partir con un estado de madurez adecuado o estrategia viable de escalamiento; es decir, crear un emprendimiento con un desarrollo tecnológico muy temprano puede ser riesgoso, ya que se requiere capital financiero para continuar su desarrollo y muchas veces es más fácil conseguir financiamiento público para I+D desde universidades y centros de investigación que desde empresas privadas.

También es importante contar con acuerdos de licencia antes de constituir el emprendimiento, para que la tecnología pase al emprendimiento una vez constituido. Así resultará más adecuado a los ojos de un potencial inversionista.

Junta directiva

Cuando se formaliza la creación de un emprendimiento, es necesario conformar una junta directiva, por lo que en esta etapa existirán dos equipos de trabajo: el equipo emprendedor y la junta directiva o de accionistas. Es usual que las primeras juntas directivas estén compuesta por los inversionistas, por los miembros del equipo fundador y por los miembros de la universidad o centro de investigación, si es que corresponde, a quienes la literatura los denomina "testigos privilegiados", ya que son quienes han estado asesorando el desarrollo del emprendimiento.

En uno de los pocos estudios empíricos en esta área, Clarysse *et al.* (2007) examinan los aspectos que determinan la composición de la junta y resaltan las tensiones que existen entre el equipo fundador y las otras partes interesadas, como los inversionistas, para determinar la composición de la junta.

El estudio muestra que, tratándose de emprendimientos con inversionistas externos con alta influencia, es más probable que se desarrollen juntas que tengan habilidades complementarias a la del equipo fundador; mientras que los equipos más autónomos tienden a conformar la junta con capacidades similares a las existentes (Bjørnåli & Gulbrandsen, 2010).

Por otro lado, el estudio *Dynamics of Science-based entrepreneurship* (Colombo *et al.*, 2010) plantea que la conformación de la junta se basa en las redes de contacto de los fundadores. Aunque la composición de esta vaya cambiando en función de las etapas de desarrollo del emprendimiento, sus integrantes siempre estarán relacionados con los miembros activos del emprendimiento.

Los autores plantean que es muy importante considerar que en las diferentes etapas del emprendimiento, el rol de la junta irá cambiando. Por ejemplo, al principio, cuando quienes gestionan el emprendimiento tienen una participación accionaria relevante, la supervisión y el monitoreo técnico exhaustivo de la junta pierden relevancia en comparación con la supervisión orientada hacia un buen sistema de gobernanza, monitoreo del modelo de negocio y apoyo en la búsqueda de recursos.

Con el progreso del emprendimiento, continúa el estudio, también es necesario profesionalizar el gobierno corporativo. Por lo general, el rol y contribuciones de los equipos fundadores al emprendimiento van disminuyendo y, por ende, existe la necesidad de institucionalizar procesos y diferentes fuentes de conocimiento capaces de sostener el emprendimiento, por lo que el desarrollo de una junta directiva efectiva puede ser importantes para cumplir con estos roles.

Una de las funciones principales de las juntas directivas es proteger el valor de los accionistas, garantizando o monitoreando el emprendimiento, por lo que su composición debe considerar que los directores externos aporten nuevas habilidades y capacidades. En este sentido, hay estudios que muestran la relevancia de la junta directiva, la correlación entre juntas ineficaces y las limitaciones de la empresa en crear valor (Colombo *et al.*, 2010).

Otra función principal de las juntas directivas es su rol estratégico, es decir, no solo velar por el funcionamiento del emprendimiento en el corto plazo y procurar que este avance según plan, sino también definir el rumbo, detectar las amenazas del camino y, muchas veces a través de diferentes comisiones conformadas por algunos de los miembros de la misma junta, ser un apoyo al gerente general.

Pacto de accionistas

Si se toma la decisión de crear un emprendimiento basado en ciencia, se recomienda utilizar sociedades en las que los socios responden solo hasta el monto de sus aportes, y no aquellas donde se requiera unanimidad de los socios para realizar modificaciones, tales como los estatutos de la sociedad o, incluso, la venta de derechos.

Se aconseja generar los estatutos en forma inmediata a la constitución, los que son el equivalente a un reglamento de funcionamiento del emprendimiento. Los estatutos resultan muy importantes y contienen los datos esenciales, como la denominación, el capital y el domicilio social, además de establecer derechos y deberes, como condiciones de operación.

La Asociación Chilena de Administradoras de Fondos de Inversión de Chile[2] desarrolló un documento con consideraciones relevantes para desarrollar un pacto de accionistas. Uno de los aspectos claves de los estatutos, según plantea, es la suscripción preferente para todos los accionistas, lo cual es un derecho que permite a los antiguos accionistas de una sociedad la posibilidad de suscribir acciones nuevas en el momento de realizarse un aumento de capital en proporción al valor que tengan el número de acciones que poseen de la sociedad.

También recomiendan establecer en los estatutos la destinación de un porcentaje de las acciones emitidas en un aumento de capital a planes de compensación de empleados. En este sentido, se sugiere que sea más de un 10%.

Es importante definir cómo se administrará la sociedad. Por ejemplo, se debe señalar la cantidad de directores que conformarán el directorio, el que se recomienda que esté compuesto por un número impar de miembros. De no ser posible, será el presidente de la junta quien dirima las decisiones en caso de empate. También es relevante establecer quiénes nombrarán a los miembros, lo que generalmente se hace en proporcionalidad a la participación accionaria que tengan sobre la empresa. Se recomienda contar con al menos un miembro externo y no relacionado con los socios, de manera de tener una mirada neutral. Se debe establecer el quórum mínimo para sesionar, la frecuencia de las sesiones y temas operativos, como mecanismos para citar, entre otros.

Con respecto a la juntas de accionistas, es necesario definir la forma de convocar, los quórum y las mayorías para la toma de decisiones en la junta de accionistas. Normalmente, todos los acuerdos de las juntas de accionistas se

2 https://www.acafi.cl/documentosvcpe/

adoptan con el voto favorable de la mayoría absoluta de las acciones con derecho a voto, presentes o representadas.

En algunos casos, es importante regular la administración sobre las filiales. Una filial es una empresa que está controlada por otra. Si esto ocurre, la filial debe tomar las medidas necesarias para asegurar el cumplimiento de las obligaciones del pacto de accionistas del grupo controlador.

Un punto muy relevante para los accionistas, plantea el documento, es el mecanismo destinado a vender o transferir acciones u opciones de acciones. Para transferir acciones se debe contar con el consentimiento de los demás socios. Es muy usual incorporar una cláusula denominada derecho de primer rechazo o *right of first refusal,* por su nombre en inglés, lo que quiere decir que, si un accionista desea transferir sus acciones, deberá ofrecerlas primero a la sociedad y, en caso de que esta no quiera comprar todas o parte de ellas, tendrá que ofrecerlas a los accionistas mayoritarios en proporción a su participación. Si ninguno quisiera adquirirlas, el accionista podrá ofrecerlas libremente a terceros, pero en los mismos términos planteados a la sociedad y a los accionistas mayoritarios. Si hubiese un tercero interesado, el accionista que desea vender debe informar a la sociedad y a los accionistas mayoritarios.

En caso de que haya una oferta de un tercero para comprar acciones, la sociedad tendrá derecho preferente a vender, y luego los accionistas mayoritarios en forma proporcional a su participación. Acá también se regulan aspectos operativos sobre la transacción, plazos y mecanismos de notificación, entre otros ítems.

También existe el derecho a participar en la venta o tag along right, por su nombre en inglés. En caso de que algún accionista reciba una oferta de compra de acciones, aunque no esté dispuesto a vender, deberá comunicar la oferta a los accionistas mayoritarios, quienes podrán vender sus acciones proporcionales a su participación en la sociedad. Si los accionistas mayoritarios no estuviesen interesados, se entenderá que estos autorizan la operación.

El derecho de venta forzada o *drag along right* indica que se podrá obligar a los socios a transferir la totalidad de las acciones sin limitación de precio, siempre y cuando el oferente no sea una empresa relacionada o posea algún tipo de vínculo, y que a su vez se asegure a los accionistas un retorno mínimo de algún porcentaje de la inversión efectuada, como por ejemplo tres veces la inversión, lo cual puede variar, dependiendo de si son acciones preferentes u ordinarias.

Las acciones ordinarias son aquellas que le dan al accionista los derechos comunes por ser socio; en cambio, las acciones preferentes tienen ciertos privilegios, como por ejemplo que tienen mayor prioridad en el cobro de dividendos o en la distribución del patrimonio restante en caso de quiebra de la empresa. Todas estas especificaciones deben constar en el pacto de accionistas.

En algunos casos se regula que no se podrán vender acciones a una sociedad en que participe directamente un competidor de la sociedad, aunque sea minoritario, salvo que lo apruebe el directorio. También se establece que los accionistas mayoritarios podrán adquirir acciones en forma proporcional a su participación, en nuevas rondas de inversión de la sociedad. Sea como fuese, el nuevo accionista deberá asumir las condiciones del pacto de accionistas previamente a comprar las acciones.

Es muy común también que se establezcan cláusulas de no competencia, esto es, que se prohíbe a los fundadores participar en nuevas inversiones, negocios, proyectos o actividades productivas o comerciales relativas a sus propios negocios que representen una competencia o que causen un perjuicio al desarrollo normal de los negocios de la sociedad, ya sea en forma directa o indirecta. Estas cláusulas expiran hasta un tiempo después de que el fundador deja de ser accionista. Un tiempo razonable es dos años.

Se establecen además cláusulas de información, es decir, para mantener informados a los accionistas, y también de incumplimiento, así como la vigencia y motivos de la terminación del pacto.

En las disposiciones generales se fijan procedimientos para las comunicaciones y las notificaciones a los socios, incluyendo lo que sucede en caso de reestructuración de la empresa cuando implica el cambio a una jurisdicción extranjera. En este caso, se establece que las partes realizarán su mejor esfuerzo para mantener preferencias, como las existentes en el pacto actual. También se debe incluir el mecanismo de arbitraje ante cualquier controversia que se produzca entre los socios, y definir qué entidad realizará dicho arbitraje. Además, se debe indicar bajo qué ley se rige el pacto.

Finalmente, se recomienda incluir anexos con información sobre quiénes son los socios con sus respectivos porcentajes, lo que se denomina *cap table,* por su nombre en inglés. También se incluyen las definiciones de términos que se utilizan en el pacto para que no se preste a interpretaciones; se incluye un formulario de adhesión al pacto, el que es necesario cuando entran nuevos socios, y un ítem que detalla las materias fundamentales y quórum para tomar determinados acuerdos.

Establecer el pacto de accionistas en un emprendimiento es fundamental, ya que permitirá tomar acuerdos que son fundamentales, como la distribución de utilidades. También hará posible proteger a los accionistas minoritarios ante algún accionista, y a los accionistas de una sociedad frente a un nuevo socio mayoritario, dándoles la posibilidad de vender sus acciones a un precio justo de mercado u otro. En definitiva, lo que busca es regular la interacción entre los socios y aumentar las posibilidades de éxito para todas las partes.

Importancia del *exit*

Un elemento fundamental para los inversionistas que muchas veces es poco abordado por los emprendedores basados en ciencia, es el denominado *exit*, por su nombre en inglés, que significa "salida" y se refiere a la forma que el inversionista tendrá para dejar de ser socio y obtener una ganancia en el camino; o, dicho de otro modo, es la forma de monetizar las inversiones en emprendimientos, buscando generar retornos financieros atractivos.

Cuando se inicia el proceso de levantamiento de capital, además de tener muy clara la propuesta de valor, quiénes son los clientes y el estado de desarrollo de la tecnología, entre otros aspectos, es importante mostrar claramente cuál es la proyección de *exit*, es decir, cuál será el momento en el tiempo en el que el inversionista saldrá de la compañía invertida y materializará la rentabilidad que dicha inversión le ha generado.

En este tipo de inversiones es muy usual que el inversionista analice profundamente las probabilidades de materializar un buen *exit*: momento en el tiempo, momento de la empresa y condiciones de la salida.

Vicente Esteve analiza lo "curioso" que pudiera resulta que alguien que acaba de fundar su propia empresa, que quizás aún no consigue ventas y observa que será muy complejo poder ponerla en marcha, esté pensando en venderla. Lo anterior comienza a cobrar sentido al analizar la definición del emprendimiento basado en ciencia, que, como plantea Steve Blank, "es una organización temporal que busca un modelo de negocio repetible, rentable y escalable" (Esteve, 2014).

En este sentido, es muy importante saber cuál es el mejor momento para un *exit*. Lamentablemente, o quizás afortunadamente, no existe un único momento o el mejor momento, ya que ello dependerá de múltiples factores y, por sobre todo, del perfil y de las expectativas del socio inversionista. No obstante, hay diferentes momentos que permitirán tomar la decisión de salida. Por ejemplo, cuando existe la posibilidad de vender la compañía a otra empresa, que normalmente es del mismo rubro y genera sinergia con el emprendimiento, o también con la entrada de un inversionista mayoritario.

Teóricamente, el mejor momento para una salida es cuando el valor de mercado de la compañía sea mayor, lo que se da al estar el producto en la fase ascendente de la etapa inicial de las ventas. Sin embargo, y sobre todo en emprendimientos basados en ciencia, el *exit* puede ser mucho antes, incluso en fases de desarrollo del producto.

Cuando se sugiere un plan de salida a los inversionistas, también es importante considerar las potenciales ganancias que ello puede implicar, lo que normalmente se mide en función de la cantidad de veces de la inversión relacionada. Debe considerarse además los temas impositivos tanto al momento de decidir el tipo de empresa a crear, como el tipo de posibles inversionistas, y también tener en cuenta de dónde pueden provenir los fondos, los que, al haber sido bien estructurados en su creación, hacen mucho mas fácil el *exit*. En emprendimientos basados en ciencia, el *exit* debería ser desde tres o cuatro veces la inversión realizada, hasta algunas decenas de veces lo invertido.

Condiciones habilitantes

Capacidades emprendedoras

Para desarrollar con éxito un emprendimiento basado en ciencia, no hay un único camino, ya que en ello influirá mucho el contexto, el tipo de tecnología y la evolución del mercado, entre tantos otros factores. Sin embargo, existe bastante consenso respecto de un par de factores que son claves y hacen la diferencia.

Bonardo plantea en el documento *The M&A dynamics of European science-based entrepreneurial firms* (Bonardo *et al.*, 2010) que los emprendimientos basados en ciencia requieren disponibilidad de dos recursos críticos: capital humano, para la creación y gestión de innovaciones, y capital financiero, para inversión y crecimiento.

En la publicación *Effectuation and causation in science-based new venture creation: A configurational approach* (Villani *et al.*, 2018) se plantea que uno de los factores claves para aumentar la probabilidad de éxito de un emprendimiento basado en ciencia es el equipo emprendedor, ya que tendrán mayores probabilidades de éxito aquellos emprendimientos que cuenten, entre las capacidades de sus investigadores, con experiencia empresarial y conocimiento comercial, propensión a asumir riesgos y redes de contacto, así como también flexibilidad hacia los desafíos y cambios ambientales.

Otro estudio enumera los diferentes factores que son claves para tener éxito en los emprendimientos basados en ciencia: la proximidad con centros de investigación de clase mundial, acceso a personal altamente calificado y a fondos de financiamiento de diversas fuentes para apoyar las diferentes fases del emprendimiento. En algunos países inciden los factores de calidad de vida, tales como escuelas, comunidad y servicios. Otro factor importante es contar con laboratorios apropiados, adaptables y asequibles, además de espacios de oficina. Influyen también el entorno empresarial que apoya e incentiva a los emprendedores para comenzar y hacer crecer los emprendimientos, la disponibilidad de proveedores de servicios de soporte para crear un ecosistema emprendedor, el acceso a mercados atractivos y un entorno gubernamental favorable con incentivos financieros e impositivos (Ahn & Meeks, 2008).

Pese a que uno de los aspectos claves para la creación y el éxito de un emprendimiento basado en ciencia, es la capacidad emprendedora de sus fundadores, contradictoriamente, en la mayoría de los países hay ausencia de instancias formativas para orientar y preparar a científicos, y dirigirlos hacia la ruta del emprendimiento académico.

Apoyo institucional

En el estudio Emprendimientos de base científico-tecnológica en América Latina del Banco Interamericano de Desarrollo (Kantis & Angelelli, 2020), se plantea que "las universidades ofrecen un contexto estratégico para este tipo de emprendimientos, no solo por el potencial que surge de los resultados de los proyectos de investigación, sino también por el conocimiento que circula en forma más amplia a través de profesores, egresados y estudiantes de maestrías, doctorados e incluso de pregrado en las distintas actividades que tienen lugar en las casas de altos estudios".

(Colombo *et al.*, 2010) analizaron el papel que las universidades juegan en el desarrollo de emprendimientos basados en ciencia. Realizaron un análisis empírico y concluyeron que la proximidad a áreas geográficas que cuentan con universidades, contribuye al crecimiento de emprendimientos tecnológicos. Es importante destacar que la calidad científica de la investigación realizada por las universidades tiene un efecto positivo en las tasas de crecimiento de los emprendimientos basados en ciencia, aunque la orientación comercial de la investigación posee un efecto negativo.

El estudio The M&A dynamics of European science-based entrepreneurial firms, (Bonardo *et al.*, 2010), plantea que la creación de vínculos más directos entre las universidades y el mundo empresarial, representa una solución efectiva para fomentar la creación de empresas basadas en ciencia. Los emprendimientos que están vinculados a una universidad tienen efectos beneficiosos sobre la reputación, que a su vez facilitan la colaboración con otras organizaciones y mejoran la credibilidad del proyecto ante los ojos de terceros, como empresas o inversionistas.

El estudio concluye que los emprendimientos basados en ciencia tienen una mayor probabilidad de ser adquiridos por otra empresa. Ello es muy relevante en este tipo de emprendimientos, ya que al caracterizarse por tener una baja eficiencia operativa y una visión del negocio diferente a otro tipo de emprendimientos, el ser adquirido por otros permite establecer nuevas estructuras de propiedad y de gestión, de manera de mejorar su productividad y maximizar el retorno financiero. También, este tipo de emprendimientos son atractivos debido a su capacidad innovadora y, el estar vinculados a una universidad podría implicar un papel de certificación, mejorando su atractivo ante los ojos de otras empresas.

Sin embargo, las organizaciones que realizan investigación y desarrollo cuentan con pocos estímulos o incentivos para que sus académicos se interesen por el emprendimiento, como, por ejemplo, normativas que establecen las reglas claras y marcos de acción, incentivos en el desarrollo de carrera académica y profesional, incentivos monetarios y reconocimiento de los logros, entre otros.

Otro factor que afecta la creación de los emprendimientos basados en ciencia tiene relación con la inexperiencia de las áreas encargadas de potenciar dicha actividad dentro de las instituciones. A esto se suma la falta de articulación con el ecosistema, como otras universidades o el sector público, pero por sobre todo, el sector empresarial.

Un factor que cada vez cobra más fuerza a la hora de desarrollar empendimientos basados es ciencia, es la regulación del conflicto de interés del investigador que se encuentra vinculado a una institución. El conflicto de interés se entiende como la oportunidad que logra tener el académico para ejercer una influencia respecto de las decisiones que adopte la institución, las que puedan suponer una ganancia personal, o el que el académico tenga directa o indirectamente intereses que afecten su independencia para tomar decisiones en el cumplimiento de sus funciones con la universidad.

Políticas públicas

En la publicación *Dynamics of Science-based entrepreneurship* (Colombo *et al.*, 2010) se analizan los argumentos de por qué el estado debe apoyar el desarrollo de emprendimientos basados en ciencia. En primer lugar, plantea que existe un problema de asimetría de información, por lo que los inversionistas pueden verse expuestos a riesgo moral o *moral hazard,* por su nombre en inglés, lo que se refiere a una situación en la cual una parte se involucra en una actividad arriesgada, sabiendo que está protegida contra el riesgo, y la otra parte incurrirá en el costo. Surge cuando ambas partes tienen información incompleta sobre la otra. Este es uno de los motivos por los que existe bajo incentivo por invertir y se hace necesaria una intervención del estado, sobre todo en etapas tempranas.

Por otra parte, cuando existen desarrollos tecnológicos radicalmente innovadores, algunas veces los emprendimientos basados en ciencia generan beneficios sociales mucho mayores a los beneficios privados que los inversionistas pueden capturar. En algunas ocasiones, es difícil para estas empresas proteger eficazmente los desarrollos de los competidores, por lo que se reducen las posibilidades de inversión privada.

Otro de los factores inhibidores de la inversión temprana es el nivel de riesgo al que están sometidos los emprendimientos basados en ciencia. "El riesgo relacionado con la creación de empresas innovadoras puede ser demasiado importante para ser asumido por un actor privado. Hay incertidumbres relacionadas con la tecnología, incertidumbres sobre la existencia de demanda suficiente, costos fijos significativos que no son fácilmente recuperable, etc. La intervención de las autoridades públicas permite a estas empresas financiar sus proyectos arriesgados con menores costos" (Colombo *et al.*, 2010). Sin embargo, es importante considerar que el apoyo estatal podría generar una distorsión en la realidad de los emprendimientos, disminuyendo ficticiamente los riesgos, podría "subvencionar las ineficiencias y provocar distorsiones de competencia" (Santarelli & Vivarelli, 2007).

Otra de las formas que tiene el Estado para contribuir al desarrollo de emprendimientos basados en ciencia, es transformarse en cliente de ellos. Esto se hace a través de políticas y programas que estimulen la demanda de los bienes y servicios resultantes de innovaciones tecnológicas, como es el caso de la "compra pública innovadora" o las "iniciativas basadas en desafíos". Además, las experiencias internacionales exitosas indican que las demandas generadas por un Estado emprendedor, como por ejemplo a través de gastos en defensa, salud, aeronáutica y otros, pueden impulsar procesos dinámicos de innovación y emprendimiento (Mazzucarto, 2014) .

Existen múltiples estudios que demuestran que los emprendimientos basados en ciencia son altamente riesgosos y una porción muy pequeña, cercana al 2%, crece rápidamente e, incluso, se llega a cotizar en bolsa. Debido a esto es que es un profundo error de una política pública, medir el éxito de un emprendimiento basado en ciencia por la cantidad de empleos creados o por los retornos financieros, y condicionar a ello el apoyo al desarrollo de empresas basadas en ciencia y tecnología. Los estados deben contribuir al fomento de emprendimientos basados en ciencia, ya que estos aportan al bienestar de la sociedad y favorecen la competitividad de los países mediante el desarrollo de mejores bienes y servicios.

Financiamiento

Los emprendimientos basados en ciencia, por lo general requerirán alta inversión en etapas tempranas, por lo cual es clave que exista una cadena de financiamiento apropiada que cubra desde la prueba de concepto hasta el escalamiento productivo, lo que hace que la participación de inversionistas de riesgo sea altamente necesaria. Son pocos los estudios que han analizado la relación entre la participación de un inversionista de riesgo y el éxito de una empresa. Sin embargo, los que existen (Audretsch & Lehmann, 2004; Engel & Keilbach, 2007; Hellmann & Puri, 2015; Manigart & Hyfte, 1999) han demostrado que los emprendimientos científicos que cuentan con inversión de riesgo, llegan más rápido al mercado y con mayor crecimiento. Por el contrario, otros estudios (Bottazzi & Da Rin, 2002; Murray, 2000) realizados en Alemania y el Reino Unido, concluyen que la inversión de riesgo no tiene impacto en el crecimiento de las empresas.

Hay pocos estudios sobre la relación entre las inversiones de capital de riesgo y las capacidades del equipo emprendedor. Uno de ellos es (Colombo & Grilli, 2010), que analiza la influencia de las del equipo emprendedor en el crecimiento de emprendimientos de alta tecnología, que han sido apoyados por inversionistas de riesgo. Usando una muestra de 439 empresas italianas, se descubrió que una vez que una empresa recibe inversión de riesgo, el papel de las habilidades de los fundadores se vuelve menos importante para contribuir al crecimiento de la esta. Dicho resultado apunta a la importancia de la función de *coaching* cumplida por inversores de capital de riesgo para mejorar el rendimiento de la cartera de las empresas.

Debido a lo anterior, se hace muy necesario que las etapas iniciales de los emprendimientos sean financiadas con apoyo estatal; pero muchas veces los financiamientos existentes están más orientados a emprendimientos menos intensivos en investigación y desarrollo. Las etapas siguientes de la cadena de financiamiento, en general están descubiertas, como es el caso del prototipaje y empaquetamiento, y en la etapa final de la cadena aparecen los inversionistas que buscan proyectos robustos. Pero si existe un vacío de financiamiento en parte del desarrollo del emprendimiento, es muy natural que los proyectos impliquen mucho riesgo o, simplemente, no alcancen a llegar a la etapa del financiamiento privado.

Como conclusión, aquellos aspectos más relevantes a la hora de emprender son la capacidad y calidad de la investigación y desarrollo realizado por los investigadores y sus respectivas instituciones, y la cercanía e interacción con el sector empresarial. Factores como el tamaño y el dinamismo del mercado inciden sobre la posibilidad de amortizar y rentabilizar las inversiones en I+D (Van Roy & Nepelski, 2017), en tanto que la sofisticación de los demandantes afecta el grado de aceptación de las propuestas innovadoras.

Este tipo de emprendimientos es intensivo en capital, por lo que requiere una buena cadena de financiamiento en todo el proceso. También será clave considerar todos los aspectos regulatorios para poder llevar adelante el emprendimiento.

Como se ha planteado, uno de los factores fundamentales lo constituyen los mismos emprendedores, por lo que generar los incentivos adecuados e instancias de capacitación, formación y complemento de capacidades, será clave para aumentar las posibilidades de éxito de estos negocios.

Como se verá en el capítulo siguiente, la creación de emprendimientos basados en ciencia requiere una combinación de diferentes fuentes de financiamiento, dependiendo de las distintas etapas del ciclo de vida del emprendimiento. En algunos casos van a ser fuentes propias, o tanto fuentes públicas como privadas.

Es muy importante realizar una planificación mediante la que se establezcan las diferentes etapas en las cuales se requerirá capital, montos y procedencia estimada. No obstante, deberá ser una planificación flexible y adaptarse a la realidad y a los cambios del entorno.

En este sentido, la falta de financiamiento es una restricción crítica para los emprendimientos en general y, en particular, para aquellos emprendimientos basados en ciencia, ya que suelen demandar períodos largos y recursos significativos hasta que se logran los resultados esperados.

Capítulo

Financiamiento

6

Etapas de financiamiento

Uno de los grandes desafíos en el proceso de la transferencia tecnológica es el financiamiento a lo largo de toda la cadena desde la investigación hasta la llegada de sus resultados al mercado o la sociedad. Si el camino elegido para transferir un desarrollo tecnológico es la creación de un emprendimiento, será necesario transitar un camino largo y complejo en búsqueda de recursos. En este sentido, el proceso contempla diferentes etapas, con diversos riesgos y distintos montos de inversión.

El proceso se puede dividir en cuatro grandes etapas. La primera es la de investigación y desarrollo, o I+D por sus siglas. En esta se conceptualiza la idea, se inician las primeras experimentaciones y se hacen desarrollos de pruebas de conceptos hasta la validación a nivel de laboratorio. Esta fase está fuertemente financiada por subsidio estatal. Se entiende por subsidio una ayuda económica, sin contraprestación ni reembolsable, que en general asume un Estado al considerar que puede promover el desarrollo del conocimiento y el crecimiento económico, en ámbitos donde el sector privado no participará pues los riesgos técnicos y comerciales le resultan demasiado altos.

La segunda etapa es la de gestación. En esta, se comienzan a desarrollar pilotos en escala real y se realizan validaciones también, en un entorno real. Empiezan a surgir los financiamientos privados conocidos como las 3 F, siglas en inglés de *friends, family and fools* –familiares, amigos y "tontos"–, también conocidos como de las 4F cuando incluyen fondos propios del emprendedor o "founder". Pueden figurar acá los inversionistas ángeles, que consisten en inversión de riesgo en etapas tempranas, asumiendo alto riesgo y apostando por un retorno elevando. A diferencia de los 4F, que muchas veces invierten sin analizar cuánto será el retorno, los inversionistas ángeles sí analizarán en profundidad esa variable antes de invertir. Finalmente, se encuentran los capitales semilla, que son también subsidios estatales y permiten impulsar desarrollos que aún presentan riesgos considerables.

La tercera etapa es la de crecimiento. En esta, se realizan demostraciones del prototipo en entorno real y se realiza el primer piloto en escala comercial. Predomina el financiamiento privado, a través de la inversión de fondos de riesgo, o *venture capital* por su nombre en inglés. También se genera alguna reinversión de los ingresos por las ventas realizadas, en el caso de que las haya, y comienzan a figurar los *crowdfunding* y, en muy menor medida, en esta etapa puede obtenerse algún subsidio estatal.

La cuarta etapa es la de consolidación: la tecnología ya se encuentra en aplicación industrial, la empresa ya está vendiendo y opera con capitales privados, como inversión de riesgo, préstamos bancarios o instrumentos tradicionales de inversión y reinversión de los ingresos por ventas realizadas.

Mecanismos de financiamiento

Los distintos mecanismos de financiamiento y, por ende, los diferentes financistas responden a diversas motivaciones. El Estado se motiva por promover el desarrollo nacional y no espera un retorno financiero. En el caso de la inversión privada, como la de los inversionistas ángeles o inversionistas de riesgo, las motivaciones están relacionadas con el retorno económico directo, aunque también con el desarrollo económico del país (Ahn & Meeks, 2008).

Subsidio estatal

El Estado cumple un rol fundamental en el proceso de innovación. En algunos casos asume un rol subsidiario, sobre todo en etapas tempranas, y en otros incluso uno orientador de las estrategias de innovación. Sin el rol de Estado, es muy difícil impulsar, al menos en etapas tempranas, la innovación en los países, ya que los riesgos son muy altos, tanto técnicos como comerciales,

	I + D	Gestación	Crecimiento	Consolidación
FINANCIAMIENTO	- Subsidio estatal	- 4F - Capital semilla - Inversión ángel - Subsidio estatal - *Family office*	- Ventas - Capital de riesgo - *Crowdfunding* - Subsidio estatal - *Family office* - *Corporate venture capital* - *Private equity*	- Ventas - Inversión de riesgo - Préstamos bancarios - Instrumentos tradicionales - *Corporate venture capital* - *Private equity*
ACTIVIDADES	- Primeras experimentaciones - Pruebas de concepto - Validación de laboratorio	- Pilotaje en escala real	- Prototipo en entorno real - Piloto comercial	- Aplicación en la industria

Fuente: Elaboración propia.

como para que los asuman los privados. También es cierto que invertir en investigación y desarrollo permite un crecimiento económico más sólido, pues contribuye a una economía más eficiente y más productiva, y a desarrollar cada vez más bienes y servicios con mayor valor agregado.

Entonces, el subsidio es un aporte económico que no tiene una contraprestación y tampoco es reembolsable. Generalmente estos subsidios los entrega el Estado, por la recién expresada razón referida al volumen de los riesgos y al interés que este tiene en promover el desarrollo.

Las características del subsidio, es decir, montos, plazos, condiciones para adjudicarlos, etcétera, van a depender del estado de desarrollo de la tecnología. Es decir, en etapas más tempranas y menos apropiables, se supone un subsidio mayor, con condiciones de entrada más bajas y en algunas ocasiones con plazos más extensos en comparación a los futuros subsidios. En general, lo que se busca disminuir en estas etapas son los riesgos técnicos. En las fases posteriores, las exigencias se ponen mayores, en cuanto a que se debe cumplir con cierto estado de desarrollo tecnológico, y algunos de esos riesgos ya deben estar controlados. Además, en algunas oportunidades se exigirá una contraparte financiera de las empresas.

En la etapa de I+D se requiere un fuerte subsidio estatal y, en algunos casos, no requerirá contraparte empresarial. Los proyectos serán de dos a cuatro años de ejecución, aproximadamente, y los montos dependerán de cada país. Se espera que en esta etapa se reduzcan, sobre todo, los riesgos técnicos. El factor que más influirá, a la hora de asignar o no un subsidio, será, fundamentalmente, la coherencia metodológica de la propuesta. Sin embargo, siempre ayudará a una mejor evaluación contar con la participación y el aporte del sector privado, aunque el rol de este último será menor, dado que será un indicador de pertinencia del desarrollo tecnológico.

En la etapa siguiente se requerirá una contraparte empresarial que, en general, debe hacer aportes financieros. Se espera que algunos riesgos técnicos estén controlados y se comience a evaluar los riesgos técnicos y comerciales a la hora de asignar los fondos. En esta etapa comienza a tomar relevancia el equipo investigador y gestor que llevará a cabo el proyecto, así como la institución o empresa bajo el alero de la cual se desarrolla la investigación.

En las etapas siguientes, el subsidio comienza a ser menos relevante y lo que cobra relevancia es el aporte de privados. Solo en algunos casos se mantienen los subsidios estatales, como es el caso del capital semilla. Este es muy necesario para hacer despegar la tecnología ya que, en esta etapa, el riesgo aún es alto.

Desde las 4F a las 3F+S: Modelo A2FI

Como ya hemos señalado, desde hace varias décadas se ha acuñado el término 3F para explicar dónde obtener los primeros recursos financieros no estatales para continuar el desarrollo de una tecnología, haciendo referencia a familiares, amigos y "tontos" (*friends, family and fools*). Luego de un tiempo se incorporó una cuarta F referida a los fundadores o *founders* por su nombre en inglés, quienes invierten parte de su capital en esta etapa, por lo tanto el modelo es conocido como las "4 F".

Aquí se plantea una variante a la teoría, en vez de hablar de "tontos" o "locos" o de desquicio o poco entendimiento, se hablará de "Inteligentes" o "*Smart*". Es decir, se hablará de amigos, fundadores, familiares e inteligentes (Modelo A2FI) o de *founders, friends, family and Smart* (Modelo 3F+S), ya que con el correr del tiempo se ha evidenciado que los tontos o locos son más bien personas inteligentes que han hecho una apuesta en etapas muy tempranas.

Como plantea Silvia de Torres Carbonell en su texto *Fuentes de financiamiento para innovadores en Argentina: venture capital, inversores ángeles, inversores institucionales* (Carbonell, 2012), los primeros en invertir en estos emprendimientos serán aquellos a quienes el emprendedor logre convencer para que lo acompañen en esta aventura emprendedora. Es decir, en vez de realizarlo por "amor" o "estupidez", como plantea el modelo 4F, lo harán por "confianza" o "inteligencia".

En estos casos el capital que se levanta es relativamente pequeño porque el proyecto está en etapa de idea o en etapa conceptual. Sirve para hacer investigación, afrontar costos operativos iniciales y preparar el emprendimiento para presentarlo a inversionistas ángeles, que serán el próximo eslabón en la cadena de financiamiento, según plantea De Torres. Aunque en esta etapa el dinero que se invierte es poco, el efecto multiplicador que puede generar es muy significativo. Vicente Esteves indica que la inversión de esta fase tiene un impacto social clave en el desarrollo del ecosistema emprendedor, aunque seguramente quienes la aportan son los "grandes olvidados", al menos a nivel de reconocimiento, cuando el emprendimiento es exitoso. "Tiene cierto romanticismo que lo aleja de la inversión estrictamente financiera y lo acerca a otras acciones que dejan huella social" (Steve, 2014).

Para que el sistema funcione, el inversionista no debe necesitar obtener de regreso el dinero que aporta, ni en el corto ni en el largo plazo; es decir, debe estar muy disponible a perder toda la inversión. Con esto, el emprendedor debe poner el foco en la supervivencia, pues, aunque, sea poco dinero, puede que se trate de una de las inversiones más importantes en la historia del emprendimiento al corresponder al aporte de los primeros en creer en el proyecto. Finalmente, debe existir una buena comunicación entre emprendedor e inversionista, de manera que el emprendedor mantenga permanentemente informado a este de los avances logrados con la inversión realizada, y de posibles problemas de liquidez o rentabilidad que puedan ir surgiendo (Steve, 2017).

Debido a que la inversión se realiza, mayoritariamente, por razones de relaciones personales más que por interés en el retorno financiero, en general no existen interés ni plazos para la devolución del dinero cuando se trata de un préstamo y, en general, es más fácil convencer a este grupo que a los inversionistas en etapas posteriores.

Inversionistas ángeles

Los inversionistas ángeles son un eslabón muy relevante en la cadena de financiamiento de los emprendimientos basados en ciencia. En este sentido, Carbonell, plantea:

"Los inversionistas ángeles son individuos con cierta solvencia patrimonial que ofrecen capital de riesgo a emprendedores con quienes no tienen ninguna relación familiar ni de amistad. Juegan un rol clave en el desarrollo de la actividad emprendedora, tanto en términos de capital financiero como por su contribución en términos de capacidades, experiencia y contactos adquiridos en su vida profesional" (Carbonell, 2012).

Adicionalmente, disfrutan de acompañar un emprendimiento tecnológico por el riesgo que conlleva y que habitualmente los lleva a recordar su propio emprendimiento.

Este tipo de inversionistas aportan no solo dinero, sino que también conocimiento sobre el mercado, la gestión de empresas, sus redes de contacto y otras áreas relevantes para dar apoyo a los emprendimientos en su etapa inicial, lo que se denomina "dinero inteligente" o "*smart money*".

En esta etapa de desarrollo, los riesgos, tanto técnicos como comerciales, siguen siendo muy altos, por lo que los inversionistas esperan un retorno financiero también alto, aunque su principal motivación es contribuir al desarrollo del emprendimiento. Las inversiones que se realizan son en promedio de no más de US$ 100.000 en una primera etapa y se sitúan entre US$ 50.000 y US$

200.000 por inversionista. Debido a que están disponibles para afrontar altos riesgos, esperan que los retornos sean elevados: incluso unas cinco a diez veces lo invertido en el plazo de cinco a siete años. En general, no toman participación mayoritaria en los emprendimientos y buscan proyectos con alto potencial de crecimiento, siendo inversionistas pacientes que esperan y acompañan al emprendedor en su difícil proceso (Carbonell, 2012).

Si la inversión es tan riesgosa, continúa Carbonell, si existe incertidumbre sobre el plazo en el retorno de la inversión, si –aunque el retorno sea alto– existen escasas posibilidades de conseguirlo, entonces cabe preguntarse por qué los inversionistas ángel están dispuestos a participar. La respuesta es que, debido a que son personas que tienen estabilidad económica y en general están familiarizados con el mundo de la inversión de riesgo en sus negocios, tienen el deseo de "devolver" a la sociedad y de dar a otros las oportunidades que ellos tuvieron. Por otra parte, se plantea que los mueve la adrenalina de ser parte de una empresa emergente sin la presión ni la obligación de dedicarse a ella ni asumir su responsabilidad ejecutiva.

Por supuesto, existe un modelo de negocios o de inversión detrás de cada inversionista ángel. Este consiste en que, debido a que esperan que el retorno de una inversión sea muy alto, entre siete y diez veces lo invertido, también se espera que ese retorno cubra las pérdidas que seguramente les acarrea el resto de los demás proyectos en que invierten, pues las estadísticas muestran que nueve de cada diez inversiones fallan. Por eso, generalmente se arma un portafolio de inversiones, atomizando su inversión en varios proyectos, según finaliza la autora.

Lo que ha ido ocurriendo con el tiempo, muchas veces impulsada por el Estado o incluso autogestionada, es la conformación de redes o clubs de inversionistas ángel, que facilita el intercambio de información y fomenta la inversión, incluso cuando se requieren montos mayores en tecnologías con mayor incertidumbre.

Family office

Otra vía de inversión es un *family office*, que es una plataforma de inversión de personas con mucho dinero que buscan tener una administración profesional del patrimonio con el que cuentan. Se llaman *family office* porque administra el patrimonio de una sola familia y su principal foco es gestionar ese capital. El objetivo es la transferencia del patrimonio entre generaciones y, debido a que traspasar el patrimonio a las nuevas generaciones puede ser muy costoso a nivel fiscal, y a que las siguientes generaciones podrían no estar interesadas en administrarlo directamente o podrían destruirlo poco a poco si no saben cómo gestionarlo, se crean estas figuras. Por lo general, quienes están a cargo de estos fondos son nuevas generaciones de la familia, es decir, los hijos o los nietos de quienes contribuyeron mayoritariamente a la creación de ese patrimonio. Sin embargo, es importante que quien gestiones el fondo sea independiente de la familia, para alcanzar el grado de objetividad y profesionalismo que necesariamente se requieren en estos casos (Sethi, 2016).

Los pioneros en estas materias fueron las familias Rockefeller y Morgan, en Estados Unidos, quienes precisamente crearon áreas especializadas para gestionar profesionalmente sus patrimonios.

Si bien es cierto los *family office* se crean por una sola familia y se dedican única y exclusivamente al patrimonio de esta, también existen los *multi family office*, que son oficinas que se dedican a gestionar el patrimonio de diversas familias. Normalmente nacen como *single family office* y con el tiempo, para generar más volumen de activos y tener economías de escala, se convierten en *multi family office*.

En el caso de estas plataformas, el criterio de inversión tiende a ser más amplio que el de los inversionistas financieros puros, por lo que es aquí donde los emprendimientos pueden aprovechar las oportunidades para conseguir inversión. Dependiendo del tamaño del fondo, las inversiones individuales pueden ser de un tamaño relativamente grande. Además, el horizonte temporal de las inversiones tiende a ser mucho más extenso que el de los inversionistas financieros y puede superar los cinco o incluso diez años. Para acceder a una *family office*, las referencias son fundamentales, pues se requiere ganar su confianza para que inviertan (Sethi, 2016).

Los *family offices* tienen otra ventaja: incluso si los tiempos son malos para la economía, todavía tienen la capacidad de invertir más, y en rondas más grandes.

Crowdfunding

El *crowdfunding* es una tendencia del último tiempo que viene a cubrir brechas de financiamiento existentes entre los emprendedores. En español significa financiamiento colectivo; otros hablan de “micro mecenazgo”. El sistema consiste en que hay personas que entregan dinero al emprendimiento por adelantado al desarrollo de la tecnología respectiva, lo que permite producir los bienes o servicios, que luego se entregan a estas mismas.

Tal modalidad está tomando cada vez más fuerza, ya que es una solución al obstáculo que enfrentan emprendimientos con buenas ideas de productos que simplemente no pueden obtener financiamiento de inversionistas más "convencionales".

El beneficio del *crowdfunding* es que el emprendimiento no se diluye, es decir, no debe entregar participación accionaria a cambio del dinero levantado, ya que, a cambio de este, solo se entregan los productos comprometidos a los aportantes individuales.

Los clientes-inversionistas funcionan como los primeros usuarios, o *early adopters* por su nombre en inglés, lo que implica que corren un riesgo comprando productos nuevos y no probados. Sin embargo, lo hacen, ya que los montos a invertir son bajos y quieren sentirse invirtiendo o ayudando a emprendedores a salir adelante. Adicionalmente, los *early adopters* anhelan acceder a la tecnología primero que otros.

Es muy probable que el sistema evolucione, ya que actualmente lo único que los microinversionistas reciben son el producto adquirido y la satisfacción de haber invertido. Sin embargo, ellos también reconocen que la empresa puede llegar a valorizarse mucho al lanzar sus productos, por lo que en un futuro no muy lejano este modelo de negocio puede evolucionar a proporcionar algunos beneficios adicionales a estos clientes-inversionistas.

El *crowdfunding* presenta variadas ventajas. Por una parte, permite levantar financiamiento en una etapa compleja de desarrollo y por montos pequeños, aunque en esta fase habitualmente es más fácil levantar fondos grandes que pequeños. Por otro lado, ayuda a tener una cartera de clientes, lo que es tremendamente bien valorado por inversionistas, y finalmente permite probar productos en el mercado y obtener retroalimentación de usuarios finales, estimándose así cuáles atributos particulares del producto son los de mayor valor percibido para los usuarios finales: es bien sabido que muchos productos nuevos se usan de maneras diferentes a las que los fundadores originalmente previeron.

El riesgo de obtener financiamiento a través de *crowdfunding*, es que, si los productos no cumplen con las expectativas de los clientes, podría registrarse un impacto negativo en la reputación del emprendimiento en un momento en que la empresa no puede permitírselo (Sethi, 2016).

El *crowndfunding* funciona a través de empresas especializadas en hacer levantamientos de inversión, lo que implica que los emprendedores deben enviar sus proyectos a una de estas plataformas, que normalmente funcionan por internet, para que los evalúen y acepten. En general, se solicita que envíen una descripción del proyecto, cuánto dinero se requiere y cuánto tiempo hay para recaudarlo. Con esto se publica la iniciativa, se inicia una campaña de difusión muy fuerte a cargo de la plataforma de *crownfunding* y, al cierre del periodo, se verifica cuánto se ha levantado. Si se logra levantar el capital, se le paga un porcentaje a la plataforma, que en general fluctúa entre el 2% y el 7%, aunque algunas otras tienen otro sistema de pago fijo, o bien una combinación de pago fijo más pago variable.

Como en la mayoría de las diferentes etapas de la inversión, el entorno cultural influye fuertemente. Mientras en Estados Unidos la inversión de riesgo es una actividad cotidiana, los inversionistas en Latinoamérica son mucho más cautos. En el caso de *crowdfunding*, esto es bastante similar y estos "micro" inversionistas, también son menos propensos al riesgo en los países latinoamericanos.

Capital de riesgo

Los fondos de capital de riesgo, o *venture capital* por su nombre en inglés, son aquellos que invierten en empresas en etapas iniciales de formación, con altos riesgos en lo técnico y, sobre todo, en lo comercial.

Debido a que los *venture capital* invierten en emprendimientos de alto nivel de riesgo y con un potencial alto retorno, es muy importante su estrategia de diversificación. Por lo tanto, estas inversiones de riesgo se realizan tanto en emprendimientos tempranos –o *early stage* por su nombre en inglés, lo que hece referencia a emprendimientos que se han creado recientemente y que aun no poseen ventas– como también en emprendimientos en etapa de crecimiento, o *growth* como se denomina en habla inglesa, considerados como tales aquellos emprendimientos que ya han logrado levantar una inversión pequeña y, eventualmente, cuentan con las primeras ventas. Otra forma de diversificación es que generalmente invierten en un número elevado de empresas y así diversifican la inversión. Si bien puede fracasar alguna de ellas, se apuesta a que exista la posibilidad de que otra rente tanto que alcance a cubrir la pérdida del portafolio completo y, aún más, se generen grandes retornos. Lo anterior implica que los fondos generalmente invierten a través de participaciones de propiedad minoritarias, con lo cual es común encontrar varios inversionistas en un solo emprendimiento.

Los emprendimientos en los que invierten están en etapa de conformación o tienen entre tres y cinco años de haberse iniciado. Con respecto a las ventas, existen fondos que se denominan "early stage", que podrían invertir en emprendimientos que aun no poseen ventas o que han iniciado solo recientemente su proceso de comercialización.

En general, estos emprendimientos se dedican al desarrollo de nuevas tecnologías, con modelos de negocios innovadores, tecnologías disruptivas y activos de propiedad intelectual relevantes. Están insertos en industrias innovadoras, en donde el creador de la empresa o emprendedor tiene un rol fundamental; es decir, la decisión de inversión está fuertemente influenciada por la capacidad que el Fondo ve en el equipo emprendedor, más allá del potencial de la tecnología misma (Asociacion Chilena Administradoras de Fondos de Inversión, 2018).

Es sabido que los emprendimientos basados en ciencia no fracasan porque la tecnología sea mala o porque el equipo emprendedor no sea el adecuando; en general, fracasan por falta de financiamiento para llevar a cabo el desarrollo de productos y llevar la empresa a mercado. En este sentido, la industria de capital de riesgo viene a llenar parte del vacío de financiamiento tradicional que enfrentan los emprendimientos. Habitualmente, los montos a invertir van en un rango de entre US$ 500.000 y US$ 3.000.000, dirigidos a iniciativas que se enfrentan a la imposibilidad de financiarse en los canales financieros tradicionales. En el caso de la realidad de Latinoamérica, los montos pueden partir de los US$300.000 hasta los US$ 2.000.000 (Asociacion Chilena Administradoras de Fondos de Inversión, 2018).

Los inversionistas de riesgo invierten en emprendimientos en etapas tempranas o en emprendimientos nacientes, a cambio de una participación accionaria de la empresa con la expectativa de obtener un alto rendimiento de su inversión, de cuatro a diez veces lo invertido, o bien del orden del 35% al 50% anual, si la decisión de inversión fue la correcta.

Las inversiones que se realizan son de corto y mediano plazo; es decir, los inversionistas esperan ser parte de la empresa en un lapso de entre tres a cinco años, durante el cual el emprendimiento consolidará su crecimiento y generará valor económico (Asociacion Chilena Administradoras de Fondos de Inversión, 2018). Luego de esto, si el emprendimiento es exitoso, estará en condiciones de ser vendido a otra empresa, de obtener financiamiento de nuevas fuentes, o bien de abrirse a la Bolsa, aunque hay estudios que indican que este último camino se dará solo en el 1% o 2% de los casos. Al ocurrir alguna de estas alternativas, el inversionista multiplica su valor y tendrá la opción de salir y obtener liquidez, o de permanecer y apostar a continuar aumentando su valor. Se estima que únicamente una o dos de cada diez inversiones será exitosa, pero se apuesta a que el éxito será tal que permitirá compensar las pérdidas sufridas en el resto de la cartera de inversión.

Usualmente, las inversiones de capital de riesgo se canalizan a través de fondos, los denominados Fondos de Capital de Riesgo o *Venture Capital Funds* en inglés. Estos obtienen capital principalmente de inversionistas institucionales, personas naturales, incluso *family offices* o fondos de universidades, y en algunos países se permite que los fondos de pensiones, aseguradoras u otra entidad financiera inviertan en estos fondos. Una vez que se conforman, los inversionistas individuales no tienen participación en la gestión del fondo. Esta está en manos de un gerente, quien tiene la responsabilidad por la gestión de las empresas en que invierte, con lo que enfrenta grandes contingencias. Los fondos de capital de riesgo suelen tener una duración de ocho a diez años. En la primera mitad de la vida del fondo se procede a invertir, de acuerdo con la política de inversión que tenga, y, en la segunda mitad, se comienza a estructurar la "salida" de las inversiones, de modo tal que el fondo pueda recuperar el capital invertido y realizar el retorno de aquellas inversiones que hayan sido exitosas (Carbonell, 2012).

Corporate Venture Capital

El concepto de inversión de riesgo corporativo, o *corporate venture capital* por su nombre en inglés, es relativamente nuevo y corresponde a un fondo de capital de inversión de una empresa que está enfocado en la inversión en emprendimientos.

Las grandes compañías comenzaron a crear fondos de inversión de riesgo, pues por lo general tenían problemas para desarrollar innovación realmente disruptiva y solo generaban innovaciones operacionales o de modelos de negocio. En el camino se dieron cuenta de que requerían emprendimientos que los apoyaran a desarrollar aquella innovación que revolucionaría el mercado.

Los *corporate venture capital* invierten en emprendimientos por diferentes motivos: para resolver problemas estratégicos de la misma compañía, o para encontrar bienes o servicios novedosos para vender o, en estricto rigor, revender o encontrar nuevas tecnologías para reemplazar las existentes. Otra razón puede ser la de llegar a nuevos mercados que con las capacidades actuales resulta muy complejo alcanzar, o bien potenciar unidades de negocios existentes. En este sentido, las corporaciones buscan un beneficio estratégico, además del beneficio económico propio de una inversión de riesgo.

Normalmente, son las grandes compañías las que pueden crear este tipo de fondos de inversión y lo que buscan es crear colaboraciones estructurales con los emprendimientos para que ambos crezcan. Sin embargo, no siempre es fácil crear un *corporate venture capital.*

Cuando se crean estas estructuras dentro de las compañías, a veces se carece de una propuesta de valor clara y tangible para la corporación. Adicionalmente a esto, muchas veces hay falta de convencimiento en los altos ejecutivos de la corporación, e incluso existe poco entendimiento de parte de los empleados de la corporación para comprender qué está haciendo esta área. En la medida en que las *corporate venture capital* se desarrollan, comienza a surgir otro tipo de complicaciones, como la falta de una hoja de ruta clara e incluso falta de recursos financieros para expandir la unidad, y en algunas ocasiones no se cumple con las expectativas de la corporación tenía sobre ella.

La relación entre el gigante corporativo y el naciente emprendimiento no siempre es fácil debido a que las corporaciones en general son bastante rígidas, y los emprendimientos son más bien volátiles. Sin embargo, las inversiones de este tipo permiten que los emprendimientos comiencen su despegue y las compañías puedan integrarse e innovar de una manera que no hubiesen podido con las capacidades con las que cuentan.

Private equity

El patrimonio privado, o mejor conocido como *private equity* por su nombre en inglés, es un fondo de capital de riesgo enfocado en compañías consolidadas, donde se adquiere un paquete mayoritario de acciones de la empresa, el que normalmente es temporal, ya que después de un tiempo y cuando ha adquirido mayor valor la compañía, se vende.

Este tipo de fondos no tiene una orientación determinada cuando se trata de seleccionar empresas en las cuales invertir. Es decir, lo hace en todo tipo de empresas y en diversas industrias sin distinción, por lo que asume un riesgo alto. Normalmente invierte una importante cantidad de dinero, adquiriendo un paquete mayoritario de acciones de una compañía o incluso hasta el 100% de la empresa. Este tipo de inversiones se realiza en etapas más avanzadas del ciclo de vida de un emprendimiento, a diferencia de las etapas anteriores, y el rol del emprendedor tiende a ser menos protagónico que antes.

Estos fondos se caracterizan también por ser un financiamiento de largo plazo para compañías ya consolidadas y que presentan oportunidades de expansión regional o ampliación en sus líneas de negocio. Generalmente, los fondos de *private equity*, al comprar posiciones mayoritarias, participan activamente de la gestión de las empresas en las que invierten. Por su parte, la salida de una inversión de *private equity* suele ser vía un inversionista estratégico, otro fondo que adquiere la compañía o incluso a través de la Bolsa de Valores (Asociacion Chilena Administradoras de Fondos de Inversión, 2018).

Uno de los grandes aportes que hacen los fondos de *private equity* en esta etapa del proceso de financiamiento del ecosistema de emprendimientos basados en ciencia es, además del importante aporte monetario que realizan, la generación de un apoyo en la gestión diaria de la empresa, lo que contribuye a generar la credibilidad necesaria para facilitar contactos con terceras personas, como bancos, proveedores y clientes.

En general comparten el mecanismo de operar, la filosofía para invertir y la contribución que buscan hacer a la empresa que los fondos de *venture capital* apoyan. Sin embargo, los fondos de *private equity* asumen un riesgo en la inversión mucho menor, si lo comparamos con el que significa el de un *venture capital*, aunque, los montos a invertir son mucho mayores también. Es por este motivo que suelen realizar un número menor de operaciones cada año ya que el riesgo de fracaso es menor y no requieren de la estrategia de diversificación. Con respecto al retorno de la inversión, la expectativa es que sea el doble de lo que se espera en la inversión de *venture capital*.

Otros

En forma complementaria a las entidades que existen para cada una de las diferentes etapas de financiamiento de un emprendimiento, surge la figura de las Fundaciones. Este tipo de organizaciones no son otra cosa que una persona jurídica privada sin ánimo de lucro, provista de un patrimonio propio, que ofrece un fondo que normalmente es aportado por los fundadores por motivación personal o en algunas ocaciones por mandato testamentario. Estas organizaciones son creadas con un fin específico que se estampa legamente en el objeto social, el cual se debe perseguir fielmente. Es importante señalar que una organización sin fines de lucro no restringe la realización de actividades comerciales o rentables con el fin de aumentar su patrimonio, sino que solo impide que las utilidades sean repartidas entre sus fundadores y exige que se deban reinvertir en actividades propias de la fundación y en el fin para el que ha sido creada.

Al no depender directamente del Estado, ni tampoco perseguir maximizar beneficios monetarios como fin último, poseen mayor libertad para tomar decisiones con el objetivo de contribuir a la inversión social privada y al retorno hacia la comunidad misma.

Las Fundaciones son, por esencia, solidarias y lo que realizan lo hacen por caridad, compasión o por interés o convicción propia de ayudar a otras personas o a la sociedad en su conjunto. Si bien es cierto las fundaciones han sido creadas con fines benéficos o culturales, hace ya algún tiempo han surgido organizaciones que buscan impulsar la ciencia y la tecnología, y anhelan que los resultados de investigación impacten en el mercado. Es así como bajo el alero de grandes patrimonios se han creado fundaciones para combatir, por ejemplo, enfermedades raras, impulsar el desarrollo científico para resolver problemas de cambio climático o incluso apoyar la creación de emprendimientos basados en ciencia.

Inversión de riesgo

Para poder convencer a un inversionista de ser parte del emprendimiento, el factor fundamental será el equipo emprendedor. Sin embargo, también existen otros factores que van a influir a la hora de tomar la decisión.

Uno de los factores relevantes es la oportunidad del negocio, es decir, el grado de relevancia del problema detectado, cuánto impacto causa en la industria donde se desarrolla y el tamaño del mercado. Esto último, implica no solo analizar cuál es el tamaño total, sino que también si es alcanzable o no, y el tiempo que se requiere para llegar a dicho mercado.

Otro aspecto que se analiza es la solución propuesta por los emprendedores. En este sentido, se debe considerar el nivel de innovación de la idea propuesta, es decir, cuál es la mejora que representa respecto al estado del arte actual. También se evalúan los riesgos tanto técnicos como comerciales, como, por ejemplo, las probabilidades de alcanzar la solución técnica propuesta y la posibilidad de conseguir a los primeros clientes y, sobre todo en los emprendimientos basados en ciencia, se analiza la estrategia de protección intelectual.

El nivel de avance y la validación del desarrollo son otros de los factores fundamentales que analizan los inversionistas a la hora de tomar una decisión de inversión. En este sentido se evalúa el estado actual del desarrollo relacionado con la validación científica, como, por ejemplo, los pilotos realizados. El nivel de datos levantados permite tener mayor certeza de la efectividad técnica de la solución, o si hay o no certificaciones, patentes o regulaciones obtenidas, o premios o reconocimientos otorgados. Desde el punto de vista de la validación, acciones como alianzas formalizadas con terceros, o si han alcanzado ventas o el potencial intereses de otros inversionistas, en el caso de que corresponda, son elementos que contribuyen a reducir la incertidumbre.

El plan financiero es parte de lo que se analiza. Si bien es cierto esto es una proyección, todo buen plan financiero debe tener unos fundamentos sólidos sobre los cuales se construyó. Es decir, se debe desarrollar con hipótesis sensatas y bien fundamentadas, y si algunos de estos datos están validados, aun mejor. Sin embargo, siempre habrá un componente de suposición.

Finalmente, y como factor crítico, está el equipo. En este aspecto, se analiza el conocimiento que sus integrantes tengan sobre la materia, el compromiso y la capacidad de ejecución de los emprendedores, como, por ejemplo, el tiempo de dedicación. No se espera que posean todas las capacidades, pero sí se analiza si el equipo tiene facilidad para aprender y colaborar entre sí y con el inversionista. Si bien es cierto los inversionistas evalúan el conjunto de capacidades, también se evalúa el nivel y formalidad de compromiso que tienen los fundadores entre sí, de manera de determinar el riesgo de abandono de alguno de ellos.

Un factor muy relevante es si la oportunidad de salida es clara y atractiva: esto se conoce como "*exit*". Si las cosas no van bien, lo que se realizará es una liquidación, lo que no es un *exit*, sino que es un *end*.

Si bien es cierto es muy complejo conseguir inversión de riesgo, es importante entender que no cualquier inversionista es bueno para el desarrollo del emprendimiento. En este sentido, existen varios tipos de inversionistas, y también es cierto que no existe un inversionista correcto o incorrecto per se. En ese contexto, debido a que se está buscando un socio que contribuya con el éxito del emprendimiento, es muy relevante poder generar confianzas más allá del simple aporte financiero. Por lo tanto, el único inversionista correcto es aquel cuyos intereses están alineados con la visión del emprendedor para la comercialización del emprendimiento y sus socios (Sethi, 2016).

Para escoger a un buen inversionista y no solo ser escogido, se debe analizar profundamente el perfil del inversor. Por ejemplo, si busca ser un actor activo en la gestión de emprendimiento o si descansará esa responsabilidad en los fundadores. En este caso se recomienda buscar a un inversionista que complemente el rol que buscan realizar los fundadores. También será importante analizar si el o los nuevos socios tienen conocimiento en la industria o si han invertido en emprendimientos relacionados previamente, lo cual puede implicar que agreguen mucho valor al actual negocio. Otro factor que puede ser muy interesante es si el inversionista ha sido emprendedor previamente: esto es clave ya que logra entender el difícil camino que hay que transitar y probablemente podría llegar a ser mucho más empático que alguien que no haya tenido necesariamente esta experiencia.

Siempre es bueno hacer la reflexión acerca de quién puede ser el acompañante en este camino, ya que el aporte financiero no es lo único que se debe considerar, si bien claramente es una de las cosas relevantes. Una de las formas más fácil y costo eficiente para conocer a alguien es hacer un viaje juntos. De esta manera se conocen nuevas aristas, cosas quizás desconocidas en la relación laboral y se hace posible tomar una decisión adecuada para ambos lados.

Dentro del proceso de la transferencia tecnológica, el financiamiento cumple un rol fundamental para acercar los desarrollos científicos desde el laboratorio al mercado. Cuando se elige emprender y crear una nueva empresa de base científica, será necesario estar preparado para transitar por el exigente camino de la búsqueda de financiamiento. Dependiendo de la fase de desarrollo en que se encuentre el emprendimiento, serán diferentes las puertas que se deberá tocar. A su vez, cada fase tendrá diferentes estrategias y argumentos para generar el tan ansiado levantamiento de capital.

En la fase inicial, o de creación del emprendimiento basado en ciencia, el financiamiento proviene principalmente de subsidio estatal y muchas veces son los mismos emprendedores los que asumen algunos de los costos, pese a que, en algunos casos, pueden existir terceros dispuestos a invertir. El argumento para convencer al tercero, en esta etapa, se basa casi exclusivamente en una hipótesis.

En la siguiente etapa, el peso de las hipótesis sigue siendo muy significativo. Sin embargo, comienza a aparecer alguna métrica validada, que ayuda a convencer al tercero para invertir. En este sentido, los *friends, family fools and founders* (FFFF), o como se renombró acá, *friends, family, founders and smart* (Modelo 3F+S) son quienes están más disponibles a invertir.

En la siguiente fase, las métricas validadas comienzan a cobrar mayor protagonismo para convencer alguien de invertir, pese a que la hipótesis planteada sigue siendo más relevante. El subsidio estatal, los inversionistas ángel y los *family offices*, comienzan a aparecer en esta etapa.

En la siguiente fase, las métricas validadas cobran mayor valor que la hipótesis a la hora de levantar inversión, ya que se comienza a tener un histórico de métricas. Quienes están dispuestos a invertir en esta etapa siguen siendo el Estado a través de subsidios, y también el *crowdfunding* y los *venture capital.*

Finalmente, en etapas más avanzadas, las métricas validadas son el gran argumento que permitirá levantar inversión, y la hipótesis será marginal. Quienes estarán dispuestos a invertir serán los *corporate venture capital* y, en una etapa avanzada, los *private equity.*

El "valle de la muerte"

El "valle de la muerte" es una expresión que se utiliza comúnmente en el mundo de la innovación que busca describir una etapa que debe sortear todo emprendimiento, relacionada con la falta de dinero o el flujo de caja negativa durante las primeras fases de desarrollo.

Existen estudios (Gompers & Lerner, 2001) que hablan de que el 90% de los emprendimientos no logran levantar inversión en los primeros tres años de vida. En esta fase normalmente se atraviesa el valle de la muerte, en donde los emprendimientos están en constante peligro ya que deben hacer esfuerzos permanentes por sobrevivir y no quedarse sin liquidez.

En esta etapa el financiamiento de terceros cobra especial relevancia, lo que hace que emprendimientos que se desarrollan en entornos más propicios para asumir riesgos, tengan mayores probabilidades de éxito. En el caso latinoamericano, las empresas que sobrepasan el valle de la muerte no representan un porcentaje mayor al 8% (Musso, 2012).

Sin embargo, según lo planteado por Karen Gullbrandsen de Iowa State University, en transferencia tecnológica, el "valle de la muerte" es la metáfora que se usa a menudo para describir la brecha entre las innovaciones académicas y su llegada al mercado. Las definiciones más tradicionales de transferencia tecnológica indican que el tránsito de la propiedad intelectual desde los laboratorios de investigación universitarios hacia empresas privadas o instituciones públicas que desarrollan comercialmente la tecnología, es más bien suave y con bajos riesgos. El "valle de la muerte" plantea la mirada opuesta. De hecho, esta metáfora más bien sombría implica que la investigación académica está de alguna manera aislada del mundo exterior y que para llegar al mercado es necesario invertir y buscar clientes, y muchas veces darse cuenta de que se están proponiendo soluciones a problemas que no existen, mientras barreras regulatorias pueden echar por la borda años de investigación (Gulbrandsen, 2009).

Aunque el "valle de la muerte" sugiere que la transferencia tecnológica se trata de trasladar ideas de una entidad a la siguiente, la transferencia tecnológica se trata de vincular personas, de relaciones y colaboración entre individuos y grupos (industria, gobierno y academia) con intereses variados (Gulbrandsen, 2009).

Capítulo

7

Gestión de transferencia tecnológica

Aspectos generales de la gestión de transferencia tecnológica

La gestión de transferencia tecnológica corresponde a las acciones a realizar en el proceso de comercialización de tecnologías. Se estructura en cuatro grandes etapas que son claves a la hora de llevar al mercado un resultado de investigación. La primera etapa es la investigación, la segunda etapa es la validación comercial, la tercera etapa es la gestión de la propiedad intelectual y la cuarta etapa es la comercialización de la tecnología.

La primera etapa consiste en la investigación propiamente tal, pero, para efectos del proceso de transferencia tecnológica, comienza con el resultado de investigación, el cual debe ser comunicado oficialmente a la oficina que gestiona esta actividad dentro de la institución, muchas veces a través de un documento que se denomina "declaración de invención". En esta etapa las oficinas también gestionan financiamiento para investigación, que en etapa temprana proviene mayoritariamente del Estado.

Una vez que el resultado de investigación está identificado, se debe realizar un análisis de viabilidad o de validación técnica y comercial que permita, si corresponde, estructurar la estrategia de protección y transferencia.

La tercera etapa corresponde a la protección intelectual. La estrategia de protección determinará el mecanismo más adecuado para resguardar el resultado de investigación, acorde a la estrategia de comercialización.

La cuarta etapa es la ejecución de la estrategia comercial, que ha sido previamente establecida, al menos en forma preliminar, y que permitirá que los resultados de investigación lleguen al mercado y la sociedad, ya sea a través de un contrato de licencia con un tercero o mediante la creación de un emprendimiento de base tecnológica, también denominado *spin off*.

Proceso de transferencia tecnológica

El proceso de transferencia tecnológico es bastante estándar y con ello las funciones de una oficina de transferencia tecnológica o de las unidades que se encargan de la gestión de la comercialización de tecnologías, no varían mucho entre una institución y otra. Sin embargo, existen algunos matices de integración hacia atrás o hacia adelante dependiendo de la realidad de cada institución y país.

A continuación, se propone un modelo basado en "The 8 step of technology commercialization" de la Universidad de Texas (*Process of Technology Commercialization*, 2016), denominado "Ciclo de transferencia tecnológica" para la realidad de los países latinoamericanos o aquellos que tengan características similares a esta región.

El primer paso del ciclo es la gestión de recursos para realizar investigación y desarrollo, denominado "Gestión de I+D". Los recursos pueden provenir del Estado o del sector privado. En aquellas economías que no han sofisticado su sistema económico y de innovación, los recursos son fundamentalmente estatales, versus aquellas economías más desarrolladas donde alrededor del 70% provienen del sector privado. En el caso de los recursos estatales, se debe identificar fuentes de financiamiento y realizar las gestiones necesarias para postular a los fondos, que la mayoría de las veces son subsidios. Para conseguir financiamiento privado, usualmente conocido como contratos de I+D, o investigación por encargo o contract research por su nombre en inglés, se negocia directamente con la o las empresas financistas y, debido a que es un trato directo, se ajusta según las negociaciones individuales. Este será un proceso recurrente hasta encontrar el financiamiento necesario para realizar la investigación, lo cual puede ser recursivo, hasta llegar a un resultado de investigación.

El segundo paso se denomina "Búsqueda de resultados de I+D" y hace referencia precisamente a la exploración o *scouting* por su nombre en inglés, de resultados de investigación dentro de la institución, debido a que muchas veces los investigadores obtienen resultados con alto potencial de transferencia, pero no lo saben. Esta gestión de *scouting* se debe realizar en forma permanente y de manera sistemática. Además, en el proceso los miembros de la oficina de transferencia deben ser capaces de persuadir a los investigadores que no se encuentren interesados en la comercialización de tecnologías y que muchas veces no quieren embarcarse en este desafío solo por desconocimiento. Una vez encontrado un resultado de investigación, el investigador o la investigadora debe realizar la declaración de iinvención, completando el documento donde se indican título de la invención, nombre del investigador principal, área de impacto, proyectos que originaron la invención, si hubo o no uso de materiales de terceros, descripción de la invención, problemas que soluciona o potenciales aplicaciones de la tecnología, entre otros puntos. En caso de que el investigador o investigadora aun no cuente con toda la información o aún no haya terminado el desarrollo completamente, puede presentar el formulario de declaración con la información que posea y con esto se avanza al siguiente paso.

El tercer paso del ciclo se denomina "Validación comercial temprana". Se busca validar con los actores clave correspondientes que efectivamente existe el problema o la necesidad, que dicho problema es relevante y que la solución propuesta es percibida como adecuada. Como ya es sabido, muchas de las tecnologías desarrolladas por las universidades o centros de investigación se realizan desde la curiosidad científica, es por ello que es tan importante validar tempranamente si lo desarrollado es una necesidad real del mercado, bajo qué condiciones podría comercializarse o cuáles son los factores críticos para que esto ocurra, entre otros aspectos. Es fundamental realizar estas validaciones tempranas con actores clave de la industria, entendiendo en profundidad el problema o la necesidad existente. Es altamente recomendado que quienes realicen estas validaciones tengan conocimiento técnico de las soluciones y puedan entender el lenguaje comercial. Sin embargo, el requisito fundamental es que entienda en profundidad el desarrollo tecnológico que desea validar. Este es uno de los pasos más cruciales del proceso de transferencia y será clave para lo que viene más adelante. Puede ocurrir que la validación comercial no resulte favorable y se tenga que volver al proceso de investigación o, en su defecto, iterar y modificar la propuesta a validar hasta que sea de interés de la industria.

El cuarto paso es la "Protección intelectual". Lo más relevante en este punto es desarrollar la mejor estrategia de protección intelectual, más que la gestión particular de una protección, debido a que el mayor valor de la protección está en encontrar el o los mecanismos que le den mayor robustez a una tecnología. En algunos casos, las oficinas deben actuar como intermediarias entre el equipo de investigación y los estudios externos de abogados que gestionan la protección de los resultados de investigación, manteniendo cierta parte de la gestión, internamente. En otros casos, las oficinas realizan toda la gestión en forma interna y en otras ocasiones dependerá del tipo de protección. Por ejemplo, si se trata de una solicitud de patentes, es probable que se externalice con un estudio de abogados y, si es un registro de derecho de autor o resguardo de secreto industrial, es posible que las gestiones se realicen internamente. Podría ocurrir que no sea posible lograr una estrategia de protección adecuada, ya que se requiere mayor investigación o resultados que sustenten la hipótesis, por lo que se debe volver al primer paso.

El quinto paso es la "Valorización y prospección". En esta etapa se realiza una iteración profunda con actores relevantes que permitan orientar al equipo en el armado de una propuesta de valor y consolidar el modelo y la propuesta de valor de cara a un potencial licenciatario. Luego de esto se inicia la búsqueda de socios, por lo que se debe contar con una propuesta de valor clara, con la tecnología validada, con la protección intelectual iniciada y todos los actores alineados con el proceso, lo que permitirá valorizar la tecnología. Por supuesto, hay que proceder lo mejor que se pueda con los recursos e información disponible hasta este momento. Probablemente esta es una de las etapas más complejas de todo el proceso y es por ello que el rol de la oficina de transferencia tecnológica será fundamental. Si bien es cierto la mayoría de los potenciales socios comienzan siendo contactos iniciales del investigador, el rol de la oficina estará dedicado a concretar de mejor forma el acuerdo, intermediar en la negociación y dar mayores garantías al tercero de que la asociación es una buena alternativa para ambas partes. Muchas de las tecnologías no encontrarán socios, por lo que se deberá volver al proceso de investigación para robustecer el resultado o potenciar otras aplicaciones para la misma tecnología o, en su defecto, simplemente abandonar la idea y embarcarse en un nuevo desafío. También pudiese ocurrir que se deba robustecer la estrategia de propiedad intelectual.

El sexto paso es la "Negociación y firma" del contrato de licencia. En esta etapa se debe negociar las condiciones con los interesados y materializar en un contrato, cuidando los aspecto tanto de forma como de fondo. En este paso serán claves las habilidades de negociación, armar equipo para enfrentar la negociación y recibir orientación con miembros del mismo equipo, como también con externos, de ser necesario. Se recomienda ser muy proactivo y responder a los tiempos de la industria. Debido a que se trata de temas legales, los abogados cumplen un rol importante en esta etapa y es fundamental que estén alineados con todo el proceso y entiendan el contexto: si no, se puede caer en errores básicos como intentar negociar cosas ya acordadas o cuestionar acuerdos realizados. Puede ocurrir que no se llegue a acuerdo, por lo que sería necesario volver al paso anterior.

Gestión de I + D

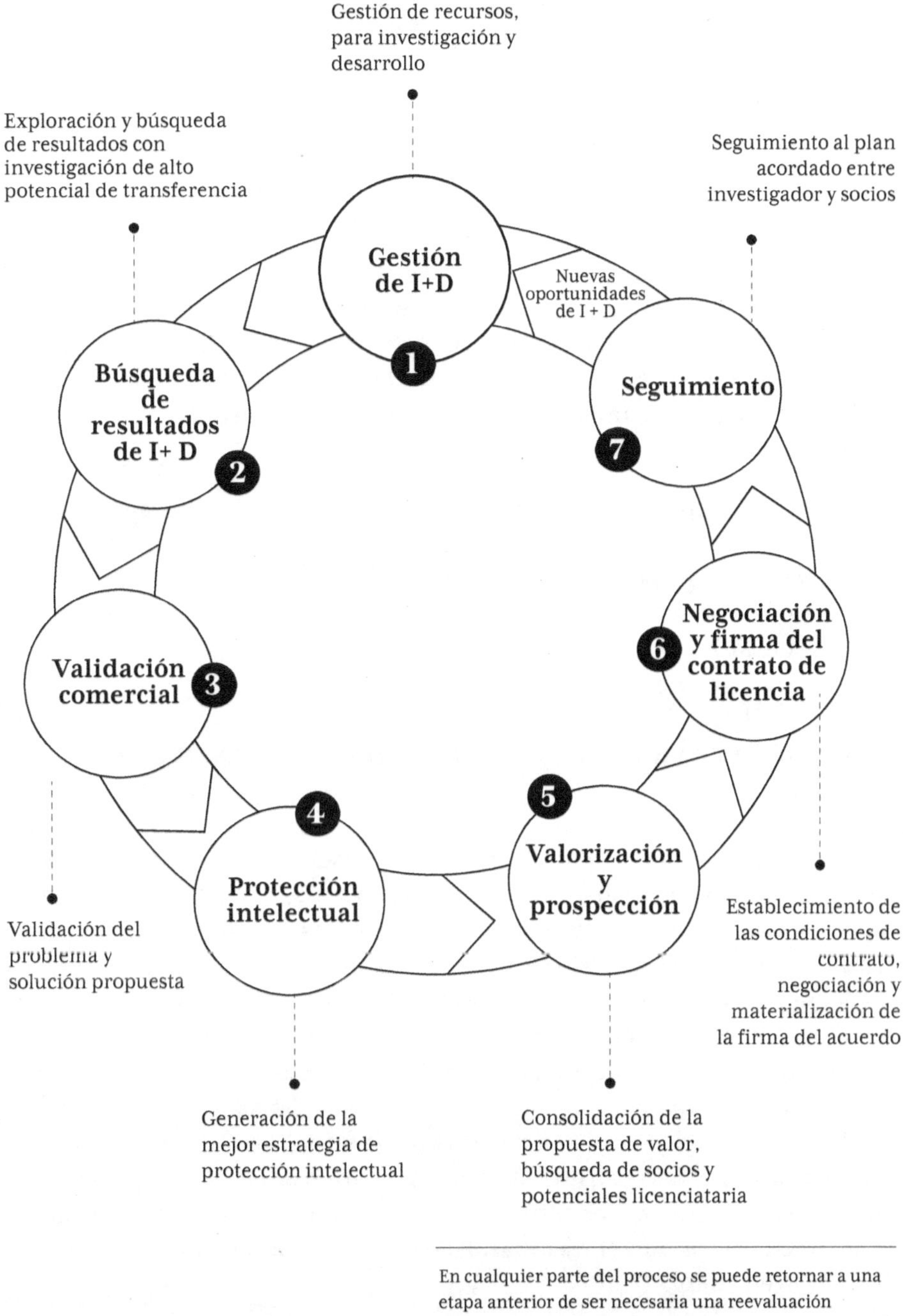

Fuente: Elaboración propia basada en The University of Texas at Austin.

El paso 7 es el denominado de "Seguimiento". El proceso de transferencia no termina con la firma de la licencia, lo que ocurre es, más bien, el inicio de una relación con un nuevo socio. Una vez firmada la licencia, se debe hacer seguimiento al plan acordado entre los investigadores y los socios, incluyendo los ingresos potenciales. Muchas veces puede ocurrir que de esta relación surjan nuevas oportunidades de gestión de I+D, es decir; se podría volver al primer paso o incluso tener que renegociar las condiciones de licencia, por cambios en el entorno, es decir, volver al paso anterior.

La razón principal para licenciar una tecnología es que la solución pueda llegar al mercado y estar resolviendo un problema real de la industria y la sociedad, aunque también puede ser un objetivo lícito generar ingresos tanto para el equipo de investigación como para la institución bajo el alero de la cual se desarrolló dicha investigación. También pueden existir buenas razones políticas y estratégicas para firmar un contrato de licencia.

En general, el equipo de investigación deberá seguir involucrados en el proceso una vez firmado el contrato de licencia, por lo que, tanto mientras duren las negociaciones como después de la firma, es importante que haya una buena relación de trabajo entre el inventor, la universidad y el licenciatario.

Proceso de creación de emprendimientos basados en ciencia

El proceso de creación de emprendimientos basados en ciencia requiere un apoyo especializado y solo algunas oficinas de transferencia han creado esta capacidad. El emprendimiento basado en ciencia es un vehículo de transferencia, pero no es el más adecuado en todos los casos. Para poder conformarlo, se requiere de un trabajo dedicado de parte de los investigadores, así como del equipo de la oficina de transferencia tecnológica. Debido a que se va a requerir capital privado para desarrollarlo, los desafíos son aún mayores y se requiere de experiencia, redes de contacto y credibilidad, elementos que pueden ser aportados por la oficina de transferencia. Las oficinas, también, deberían favorecer la construcción de equipos para el desarrollo de emprendimientos, con perfiles mixtos entre investigadores y emprendedores, de manera de contar con las diferentes capacidades para llevar a cambio una aventura de esta envergadura.

Distintas universidades cuentan con apoyo para la creación de *spin off*, ya sea a través de sus oficinas de transferencia tecnológica como de incubadoras de empresas o incluso aceleradoras. El servicio que brindan va desde el desarrollo del plan de negocios hasta el contacto con la industria. Por ejemplo, está el caso de Ghent University, de Bélgica[3], que tiene dos tipos de apoyo: uno para los emprendimientos tradicionales y otro para los de base científico tecnológica. Sus servicios parten desde comunicar los distintos sitios *web* que pueden brindar información que apoya el proceso para la creación de un *spin off*, hasta ayudar a encontrar financiamiento. Su principal característica es que cuenta con una persona de contacto para que quienes quieran emprender la puedan contactar y así iniciar el proceso. En el caso de Ku Leuven University[4] del mismo país, los servicios que proveen son la gestión de la propiedad intelectual, apoyo legal, asesoría en desarrollar del plan de negocios, y apoyo en validar el modelo de negocio y el mercado, además de contribuir a encontrar un equipo que sea competente para el desarrollo del emprendimiento. En Carnege Mellon University[5] de Estados Unidos, cuentan con un área especializada para la creación de *spin off* denominado Center for Technology Transfer and Enterprise Creation, que además de brindar los servicios mencionados de las otras universidades, ayudan a encontrar espacios físicos para la incubación del *spin off*. El caso mexicano es liderado por el Instituto Tecnológico Superior de Monterrey[6], cuenta con políticas y programas de transferencia que considera un concurso, apoyado con recursos del gobierno, en que los académicos y académicas que quieran emprender acceden tanto a herramientas metodológicas como a dinero para poder desarrollar su *spin off*. Además, se da la facilidad que entre el 25% y el 50% de investigación que realizan durante un año esté dedicado a actividades de transferencia y emprendimiento. Adicionalmente, esta universidad cuenta con redes de parques tecnológicos que potencian aún más su quehacer en transferencia.

En el caso de la Pontificia Universidad Católica de Chile[7], se ha creado un programa de emprendimiento académico, que busca apoyar en forma sistemática la creación de *spin off*. El propósito es contribuir a la sociedad a través de la creación de emprendimientos basados en ciencia, que resuelvan problemas de relevancia país y a nivel global, así como también un objetivo importante es articular y desarrollar capacidades de la universidad para el apoyo a la conformación, aceleración y levantamiento de capital de emprendimientos con base en investigación sostenible y de alto impacto para la sociedad. Lo anterior se persigue mediante la articulación de los diferentes actores de la universidad

3 https://www.ugent.be/en
4 https://www.kuleuven.be/english/
5 https://www.cmu.edu/
6 https://tec.mx/es
7 https://www.uc.cl/

que intervienen en el desarrollo y conformación de *spin off*, brindando apoyo a quienes deseen conformar empresas basadas en ciencia por medio de asesorías, conexiones y servicios de valor, y promocionando una cultura emprendedora en la actividad académica e investigativa.

El apoyo consiste en una preparación para la conformación del *spin off*, mediante el fortalecimiento de la estrategia de protección, del modelo de negocios, así como de la propuesta de valor y el plan de negocios. Enseguida, se acuerdan los términos del licenciamiento de la tecnología y se realiza la valorización y preparación del *pitch* para iniciar una negociación con posibles inversionistas. Por otro lado, se impulsan conexiones con expertos que puedan orientar la tecnología, con empresas, con fondos de inversión. El apoyo para fortalecer los equipos emprendedores es fundamental, por lo que el programa se orienta a capacitar a los investigadores y conducir la búsqueda de quien podría liderar los aspectos de gestión y comercial del emprendimiento, denominado *champion* en inglés.

El proceso se divide en cuatro etapas (Sullivan, 1995). En la primera, se realiza una declaración formal por parte del equipo de investigación indicando que quieren conformar un emprendimiento basado en ciencia. Esto es fundamental, ya que el proceso debe ser voluntario y es bueno trabajar solo con aquellos que están realmente interesados en embarcarse en este desafío. Se asigna un equipo de trabajo que acompañará el proceso, el que comienza con un diagnóstico y se desarrolla un plan preliminar de trabajo. Esta etapa debería durar entre seis y doce meses y al final de esta se presenta a un panel externo, el que sugiere o no el paso a la siguiente fase.

En la segunda etapa se trabaja junto a un comité estratégico que apoyará el seguimiento de la ejecución del plan de trabajo, con retroalimentación en forma permanente. En esta fase se trabaja intensamente en el fortalecimiento el equipo emprendedor. Al final de esta etapa, se hace una presentación ante el directorio de *spin off* de la institución y se decide el paso a la siguiente etapa, que considera un aporte de un capital semilla de 20.000 dólares. Esta etapa debería durar seis meses.

En la tercera etapa se profundiza sobre el modelo de negocios, la valorización de la compañía y se hace un permanente seguimiento por parte del comité estratégico, para finalmente ser presentado al directorio *spin off*, el que aprueba la conformación del *spin off* e inyecta 80.000 dólares que, junto al capital semilla inicial, se transformarán en notas convertibles para cuando se levante inversión y conforme legalmente el emprendimiento. Esta etapa debería durar de seis a doce meses.

Modelo *spin off*

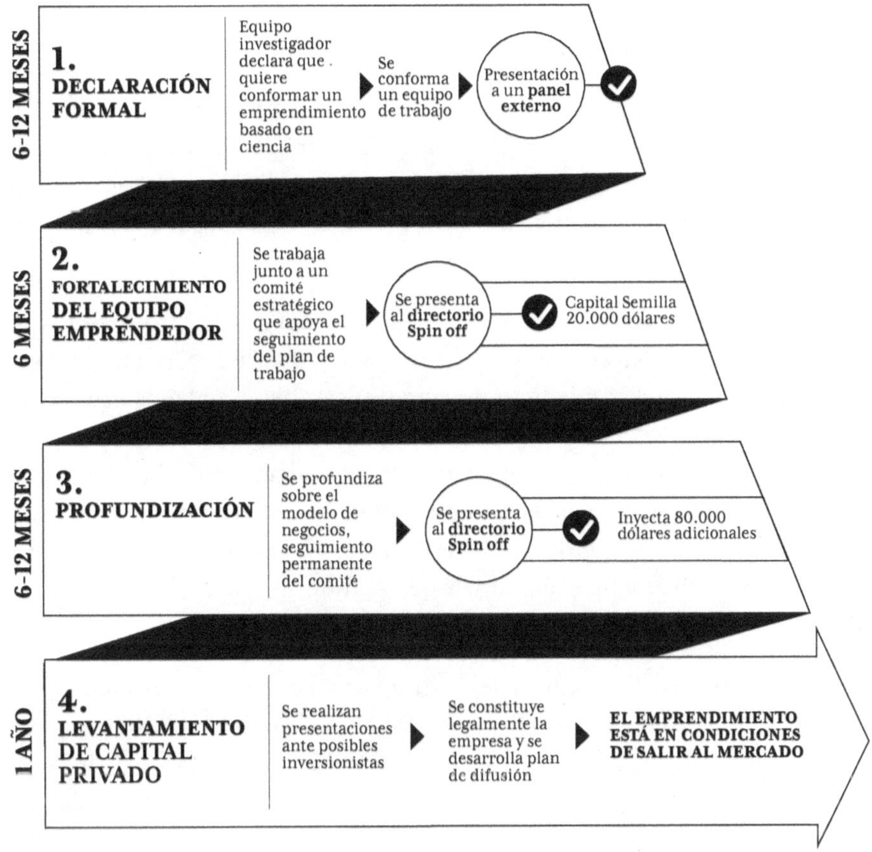

Fuente: Elaboración propia basada en el modelo de la Pontificia Universidad Católica de Chile.

En la etapa cuatro el esfuerzo está puesto en el levantamiento de capital privado, de manera que se realizan presentaciones ante posibles inversionistas, se constituye legalmente la empresa y se desarrolla un plan de difusión. La etapa dura un año y, al final de esta, el emprendimiento debiese estar en condiciones de salir al mercado (Sullivan, 1995).

Gestión de portafolio

La gestión de portafolio de tecnologías es muy relevante dentro del proceso de transferencia tecnológica y se refiere a la administración de un grupo amplio de resultados de investigación, donde se considera el panorama general de todas las tecnologías, de manera de poder priorizarlas y coordinar el trabajo de cada una de ellas, optimizándose así la tarea.

El portafolio de tecnologías debe estar formado por todos los proyectos de ciencia aplicada que se encuentren en ejecución y que se espera que generen un resultado apropiable y potencialmente transferible. En algunas ocasiones puede resultar conveniente dividir el portafolio en subgrupos, siendo el criterio de agrupación el ámbito de impacto de la tecnología, ya que las estrategias de protección y transferencia para esos resultados –así como el lenguaje necesario para llegar a los equipos de investigación y a los demás actores– varía considerablemente, según el ámbito de que se trate.

Para comenzar la conformación del portafolio, es importante determinar los criterios de ingreso de una tecnología al mismo y reducir la variabilidad de criterios. Esto permite estandarizar no solo el ingreso de datos, sino además el trabajo que se inicia a partir de allí, lo cual facilita la generación de mejores reportes, cruces de variables y en general una mejor gestión de las tecnologías.

La gestión de portafolio se realiza de manera estructurada, existiendo instancias de toma de decisión de entrada y salida de resultados de investigación. Existen también instancias de revisión de priorización, dependiendo del potencial del resultado en respuesta a ciertos criterios. Para definir una buena estrategia en torno a un resultado de investigación y para priorizar esfuerzos, es muy importante realizar un análisis estratégico de viabilidad técnico-comercial centrado en seis criterios: el estado de desarrollo de la tecnología, el análisis del mercado realizado, el financiamiento requerido para llevar la tecnología al mercado, los aspectos regulatorios que la tecnología debe cumplir, la estrategia de propiedad intelectual y el compromiso y competencias del equipo

Si bien todos los criterios son vitales y además se encuentran interrelacionados, el criterio que refiere al compromiso del equipo es quizá el más importante, estratégicamente hablando. Esto, por cuanto, primero, ninguna tecnología sin un equipo que acompañe y empuje la transferencia llega efectivamente a transferirse; y, segundo, porque por lo general las tecnologías deben ser adaptadas o trabajadas en conjunto para que efectivamente se llegue a un producto mínimo viable. Esto último requiere, sin excepciones, un equipo que dialogue con otros actores involucrados, que esté abierto a opiniones e intereses diversos y comprometido con la importancia de la transferencia.

Es importante clasificar el portafolio. Para ello, se recomienda incluir el total de las tecnologías y dividirla por estado de activo e inactivo. El portafolio inactivo es aquel que no requiere gestiones, mientras que el portafolio activo es el grupo de tecnologías que requieren gestiones de transferencia en el corto, mediano o largo plazo.

El portafolio inactivo está compuesto por las tecnologías que no tienen ni requieren gestión alguna debido a que el equipo de investigación perdió interés en el desarrollo o no consiguieron resultados protegibles o transferibles, o bien porque se ha recibido una evaluación negativa de la industria y se requiere reorientar la propuesta, y el equipo de investigación no se encuentra interesado en hacerlo, o simplemente por no existir interés de un tercero en explotar comercialmente la tecnología. En el futuro, estas iniciativas pueden convertirse nuevamente en activas si el equipo de investigación vuelve a manifestar interés formal en continuar el trabajo, por lo que es muy importante que las tecnologías inactivas no se deben eliminar del portafolio.

Con respecto al portafolio activo, existen diferentes metodologías de gestión, que dependerán del tamaño del portafolio, la estructura de trabajo y, sobre todo, de la estrategia de gestión.

Metodología de los cuadrantes

—

La metodología de los cuadrantes, desarrollada en la Pontifica Universidad Católica de Chile, basada en diferentes procesos de gestión de portafolio de entidades como la Universidad de Campinas, SRI International y la Universidad de California, consiste en la priorización de tecnologías. Se realiza con el fin de clasificarlos e identificar a aquellos que necesiten avanzar en el desarrollo de investigación, en buscar nuevos mercados y en resultados de investigación que se encuentren listos para transferir. Al evaluar la cartera, las tecnologías se posicionan sobre un plano cartesiano, es decir, dos rectas numéricas perpendiculares, una horizontal y otra vertical, que se cortan en un punto llamado "origen" o "punto cero"; por esto, se denomina "metodología de los cuadrantes". En el eje horizontal se evaluará el potencial tecnológico y en el eje vertical el potencial comercial.

Esta herramienta fue desarrollada con el objetivo de poder priorizar los resultados de investigación y enfocar los esfuerzos de transferencia en aquellos resultados de I+D con mayor potencial.

En primer lugar, se realiza una evaluación de cada tecnología, calificando y asignando un puntaje a cada resultado de I+D de acuerdo a criterios previamente establecidos, los que a su vez están conformados por subcriterios. Todas las notas van del 1 al 5 y cada criterio y subcriterio tiene una ponderación para construir la nota final. Los criterios que se evalúan son cuatro: la invención, la propiedad intelectual, el mercado y el equipo de investigación. Los subcriterios son aspectos más específicos que construyen la nota de cada criterio.

Primer criterio: la invención

En el criterio de la invención se evalúa el grado de innovación, el grado de desarrollo y el tiempo para alcanzar un prototipo precompetitivo.

En el caso del grado de innovación, tiene una ponderación de 20% y se califica con 1 si no posee nivel inventivo, 2 si exhibe una pequeña mejora de algo ya existente, con un 3 si el desarrollo es una mejora significativa, o bien permite un segundo uso, con un 4 si es un nuevo proceso o producto o un nuevo uso muy distinto al uso original, y con un 5 si se trata de una invención disruptiva el estado de desarrollo.

En el caso del grado de desarrollo, tiene una ponderación de 60% y se califica con un 1 si el desarrollo está en etapa conceptual, con un 2 si la innovación está en etapa de validación de hipótesis científica, con un 3 si se encuentra en etapa de desarrollo de prototipo a nivel de laboratorio, con un 4 si la innovación se encuentra en etapa de desarrollo de producto o pre comercial, y con un 5 si la tecnología está en etapa de empaquetamiento.

Finalmente, para el caso del tiempo para alcanzar un prototipo precompetitivo, que se califica con un 20%, se evalúa con un 1 si faltan tres o más años, con un 2 si el plazo es de dos a tres años, con un 3 si es de dos años, un 4 cuando el plazo probable es entre uno y dos años y 5 si el desarrollo alcanzará el prototipo en menos de un año.

Segundo criterio: propiedad intelectual

En el criterio 2, se evalúa los aspectos de propiedad intelectual. El primer subcriterio es la titularidad de la propiedad intelectual, que se pondera con un 20% y se califica con 1, si no existe claridad absoluta de quién es el titular de la propiedad intelectual; con un 2, si existe claridad de quién o quiénes son los titulares, pero no está formalizado; con un 3 si la titularidad es compartida entre tres o más titulares; con un 4 si la titularidad compartida con un tercero, y con un 5 si la titularidad es 100% de la institución.

El segundo subcriterio es el origen del desarrollo. En él, se pondera con un 20% y se califica con un 1 si el desarrollo utilizó material o información de terceros sin condiciones de uso claras; con un 2 si el desarrollo utilizó material o información de terceros con autorización, pero con ciertas restricciones; con un 3 si el desarrollo utilizó material o información de terceros con autorización que admite uso comercial, pero con bajo ciertas condiciones; con un 4, si el desarrollo utilizó material o información de terceros con autorización y sin condiciones, y con un 5 si en el desarrollo se utilizó material o información de terceros de libre uso o de dominio público.

Finalmente, el grado de apropiabilidad se pondera por un 60% y se califica con un 1 si es muy fácil de infringir la propiedad intelectual o de copiar la solución obtenida, pues no se requiere ninguna competencia técnica ni el derecho de un tercero para su uso; con un 2 si es fácil de infringir la propiedad intelectual o copiar la solución obtenida, pues se requiere competencias técnicas básicas; con un 3 si, utilizando información publicada u obtenida a partir de los resultados de investigación, es posible desarrollar una solución similar o de segundo uso; con un 4 si se podría llegar a infringir propiedad intelectual utilizando información publicada pero sumando competencias técnicas, y con un 5 si es muy difícil infringir los derechos de propiedad intelectual o de copiar la solución, pues además de información se requiere de conocimiento profundo sobre el tema.

Tercer criterio: el mercado.

El criterio 3 es el mercado. El primer subcriterio es la definición de la solución. Tiene una ponderación de 10% y se califica con un 1 si no existe una definición sobre el producto; con un 2, si existe una definición vaga del producto; con un 3 si se exhibe una definición preliminar del producto, aunque no se sabe bien cómo se comercializará; con un 4 si existe una definición preliminar del producto y un modelo de negocios preliminar, y con un 5 si se exhibe una definición acabada del producto o solución, un modelo de negocios y un mecanismo de empaquetamiento definido.

El segundo subcriterio es el potencial de mercado para la solución, el que se pondera con un 40% y se califica con un 1 si el producto no tiene demanda en el mercado; con un 2, si el producto exhibe una demanda potencial acotada o que podría satisfacer necesidades en un nicho de mercado; con un 3, si el producto exhibe un mediano potencial, podría satisfacer necesidades y competir en un segmento acotado; con un 4 si el producto exhibe una elevada demanda potencial y podría satisfacer necesidades en un segmento masivo, y con un 5 si el producto posee una alta demanda potencial y podría competir en un mercado global.

El tercer subcriterio es el valor potencial de producto. Se pondera con un 10% y se califica con un 1 si responde a una problemática de baja prioridad y su solución impacta a un número reducido de usuarios; con un 2, si la tecnología responde a una problemática de mediana prioridad y su solución impacta a un número reducido de usuarios; con un 3, si el desarrollo responde a una problemática de mediana prioridad y su solución impacta a un número significativo de usuarios; con un 4 si responde a una problemática de alta prioridad y su solución impacta a un número significativo de usuarios, y con un 5 si la tecnología responde a una problemática de alta prioridad y su solución impacta a un número amplio de usuarios, mercado global.

El cuarto subcriterio es el grado de sustitución del producto por soluciones emergentes. Se pondera con un 40% y se califica con un 1 si es alto el riesgo de sustitución o ya existen soluciones alternativas que poseen claras ventajas competitivas; con un 2, si el riesgo normal de sustitución o existen soluciones alternativas que exhiben algunos factores diferenciadores importantes; con un 3, si hay un riesgo normal de sustitución o si existen soluciones alternativas o emergentes, aunque no fue posible determinar si estas poseen un factor diferenciador clave; con un 4, si el riesgo es normal-bajo de sustitución o si existen soluciones emergentes, pero claramente no poseen ventajas competitivas, y con un 5, si el riesgo de sustitución es marginal y no fue posible determinar si existen soluciones emergentes o alternativas con claras ventajas.

Cuarto criterio: el equipo de investigación

El criterio 4 es el equipo de investigación. El subcriterio 1 es la experiencia del equipo en procesos de transferencia. Se pondera con un 10% y se califica con un 1, si no posee ninguna experiencia; con un 2, si no posee experiencia, pero comprende el proceso; con un 3, si al menos un integrante del equipo posee experiencia práctica indirecta; con un 4, si al menos un integrante del equipo posee experiencia práctica directa, y con un 5 si más de un integrante posee experiencia práctica directa.

El segundo subcriterio es la expectativa de recompensa del equipo. Se pondera con un 10% y se califica con un 1 si las expectativas de recompensa son inalcanzables; con un 2, si las expectativas de recompensa son difícilmente alcanzables; con un 3, si las expectativas de recompensa son coherentes; con un 4, si las expectativas de recompensa son posiblemente alcanzables, y con un 5 si las expectativas de recompensa son altamente alcanzables.

El tercer subcriterio son las redes público-privadas del equipo de investigación. Se pondera con un 15% y se califica con un 1 si no poseen redes; con un 2, si poseen al menos un contacto pero no son actores clave; con un 3, si poseen más de un contacto, pero no son actores clave; con un 4, si poseen más de un contacto y estos son actores clave, y con un 5, si poseen una red de contactos.

El cuarto subcriterio es el interés del equipo de investigadores por continuar con la línea de investigación. Se pondera con un 15% y se califica con un 1 si han manifestado explícitamente que no continuarán la línea de investigación; con un 2, si creen que no continuarán con la línea de investigación; con un 3, si no han manifestado si continuarán o no con la línea de investigación; con un 4, si creen que continuarán con la línea de investigación, y con un 5, si han manifestado explícitamente que continuarán la línea de investigación.

El quinto subcriterio son las publicaciones del equipo entorno a la solución tecnológica. Se pondera con un 10% y se califica con un 1 si aún no han publicado; con un 2, si han publicado menos cinco artículos en revistas de bajo impacto; con un 3, si han publicado al menos cinco artículos, pero en revistas de bajo impacto; con un 4, si han publicado al menos cinco artículos en revistas de alto impacto, y con un 5 si han publicado más de cinco artículos, en revistas de alto impacto.

El sexto subcriterio es la disponibilidad del equipo para participar en el proceso de trasferencia y se pondera con un 40%. Se califica con un 1 si no participan en estas tareas; con un 2, si no creen poseer tiempo para acompañar estas tareas; con un 3, si no han manifestado la disposición; con un 4, si creen poseer tiempo para acompañar estas tareas, y con un 5, si manifestaron estar 100% disponibles para participar en el proceso.

Finalmente, se debe construir un gráfico de dos ejes, donde el eje horizontal será el potencial tecnológico y el eje vertical el potencial comercial. La escala será de 0 a 5, con intervalos de 0,5 y los ejes se cruzarán entre ellos en el punto 2,5. El potencial tecnológico se calculará como un promedio entre los valores de los criterios de la invención y de la propiedad intelectual, y el potencial

Metodología de los cuadrantes

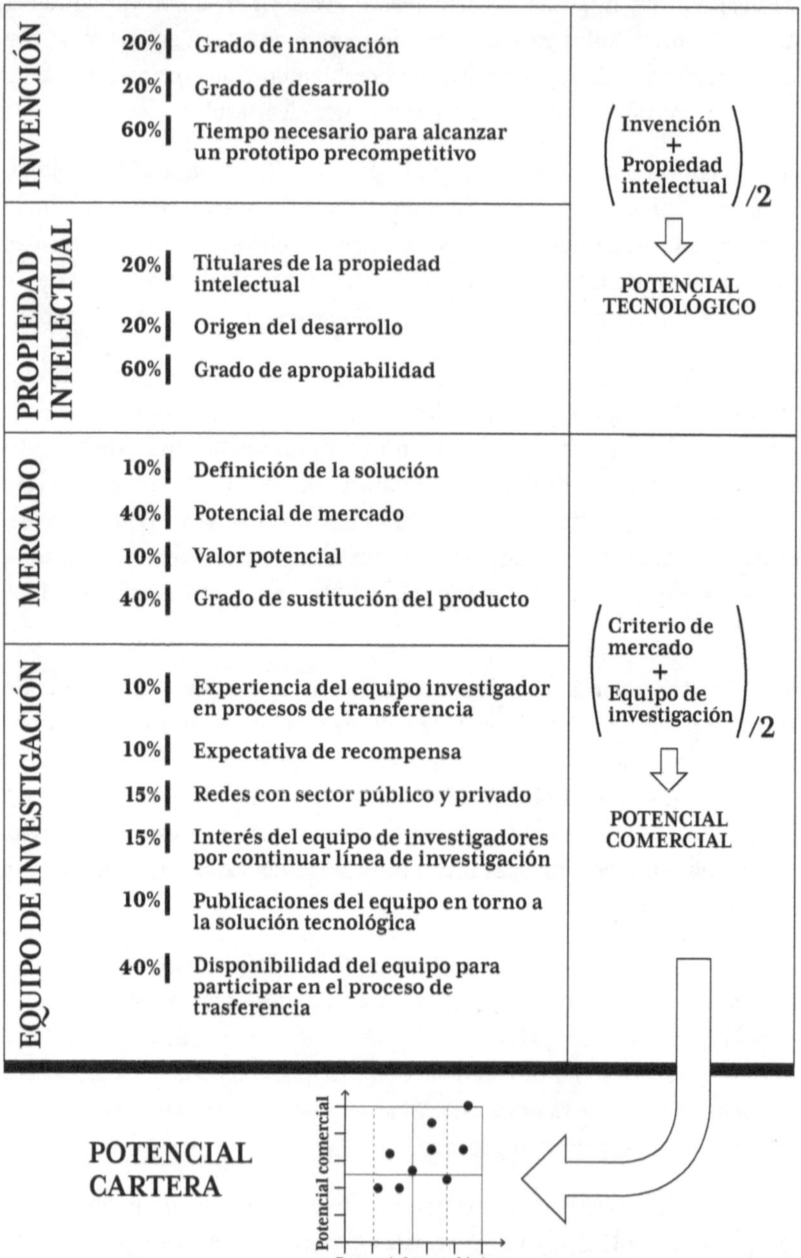

Fuente: Elaboración propia basada en el modelo de la Pontificia Universidad Católica de Chile.

comercial se calculará como un promedio de los valores obtenidos en el criterio de mercado y de equipo de investigación.

Los resultados de I+D que se ubican en el cuadrante superior derecho son aquellos con mayor potencial y que requieren poner los mayores esfuerzos para su transferencia. Las tecnologías que se ubiquen en el cuadrante superior izquierdo tienen un potencial de mercado alto, pero les falta I+D, la tecnología es débil, o bien todavía tiene muchas interrogantes tecnológicas o riesgos tecnológicos, o la propiedad intelectual es débil. Esto indica la importancia de en estos casos enfocarse en desarrollar mayormente la tecnología e ir despejando esas interrogantes.

Los resultados de I+D que se ubican en el cuadrante inferior derecho, por el contrario, son tecnologías robustas, pero que no tienen mercado. Esto indica que hay que enfocarse en buscar otras aplicaciones de la misma tecnología, como ampliar sus usos o sus aplicaciones, por ejemplo.

Aquellas tecnologías que se encuentren en el cuadrante inferior izquierdo son aquellas que tienen bajo potencial comercial y un débil desarrollo tecnológico, por lo que no es recomendable destinar esfuerzos en gestionar su transferencia.

Metodología de los niveles

Esta metodología, desarrollada en la Pontificia Universidad Católica de Chile, se basa en la clasificación de tecnologías según su relevancia. Para ello se utilizan dos criterios, el nivel de impacto y el potencial de comercialización. Es decir, la metodología de los niveles no se basa en condiciones de entrada de las tecnologías, sino que más bien en las condiciones de salida.

Uno de los criterios a utilizar para la clasificación es el potencial de comercialización. Esto se mide analizando el problema y la solución, además de la estructuración de la propuesta de valor. Sin embargo, la validación con actores clave de la industria será fundamental para determinar dicha potencialidad.

El otro criterio es el nivel de impacto. El impacto puede ser económico, social, medioambiental o cultural. Sin embargo, lo fundamental es la forma en que la institución lo defina. Algunas maneras de definir este criterio están, por ejemplo, en que aumente significativa e incuestionable el valor de un bien o servicio en el mercado, que la tecnología provoque una disrupción positiva en el comportamiento de una o más industrias, que generen altos ingresos para la institución, que resuelvan un problema o generen un cambio en materia de sustentabilidad, medioambientalmente u otra, o que aumente significativa e incuestionable la calidad de vida de un universo significativo de personas o bien de una minoría. También podría ser algo que se conviertan en el estándar a nivel nacional o internacional, conocido este último como *gold standard*, por su nombre en inglés, que hace referencia a algo que es muy bueno y se usa para medir qué tan buenas son otras cosas similares.

La metodología dividirá la cartera activa en cuatro niveles y el nivel 4 si dividirá, a su vez, en cuatro subniveles. Se denomina nivel 1 a aquel donde estarán todas aquellas tecnologías con bajo potencial de transferencia y, normalmente, con impacto potencial también bajo. La estrategia a seguir con las tecnologías en este nivel es más bien de seguimiento cada cierto tiempo para ver su evolución, estar atentos a oportunidades o cambio de condiciones de entorno que puedan hacer variar su potencial tanto de impacto como de transferencia, como, por ejemplo, cambios normativos o que configuren potenciales nuevas aplicaciones que surjan para una tecnología.

En el nivel 2 estarán todas aquellas tecnologías con posibilidades de ser transferidas al mercado, pero con un impacto bajo o moderado. La estrategia en estos casos, es poder generar acciones proactivas de transferencia, pero con esfuerzos acotados, si es que las capacidades y recursos también lo son. Es muy probable que este nivel concentre alto nivel de tecnologías, por lo que se desarrolla una estrategia de cantidad de tecnologías transferidas más que de focalización en el impacto que cada una de ellas puede generar.

El nivel 3 concentrará todas aquellas tecnologías que tienen altas probabilidades de ser comercializadas y, a su vez, pueden generar alto impacto. La estrategia en este caso es de mucho esfuerzo y focalización debido a que, si bien es cierto es probable que el volumen sea mucho menor que en el nivel anterior, el nivel de impacto que pueda generar cada tecnología individualmente puede llegar a ser mucho mayor que varias tecnologías transferidas del nivel 2.

El nivel 4 corresponde a todas aquellas tecnologías que ya están transferidas al mercado. Este nivel, a diferencia de los anteriores, se divide en cuatro subniveles: el subnivel 4.1 corresponde a aquellas tecnologías que ya fueron licenciadas, pero en forma no exclusiva, es decir, se pueden volver a licenciar, pero el impacto es bajo y con bajas posibilidad de licenciar a otra entidad; el subnivel 4.2 son aquellas tecnologías de impacto bajo o medio que se encuentran licenciadas en forma no exclusiva y con posibilidad de licenciar a otra entidad. Por su parte, el subnivel 4.3 corresponde a las tecnologías de alto impacto que se encuentran licenciadas en forma no exclusiva y con posibilidad de licenciar a otra entidad, y el subnivel 4.4 son aquellas tecnologías

¿Qué y por qué una oficina de transferencia tecnológica?

La historia de la creación y fortalecimiento de las oficinas de transferencia tecnológica se remonta a los años ochenta, producto de un cambio en la legislación de Estados Unidos. En diciembre 1980 se aprueba la Ley Bayh Dole, denominada así debido al apellido de los dos congresistas que la impulsaron, cuyo objetivo era regular las invenciones derivadas de investigaciones financiadas por el gobierno federal.

Uno de los cambios fundamentales realizados por dicha ley fue que pudieran obtener la correspondiente propiedad intelectual aquellas instituciones que hubieran realizado las investigaciones, cuando las habían hecho con financiamiento estatal. Hasta antes de esta ley, la gestión comercial de dichos resultados los debía gestionar el Estado y si quisieran hacerlo las instituciones, estas debían solicitar una autorización expresa. Lo que había ocurrido hasta antes de la promulgación de la ley es que el gobierno de Estados Unidos había acumulado más de 28.000 patentes, pero menos del 5% de estas tenía licencia comercial, por lo que la ley buscó revertir esta realidad (U.S. Government Accountabliity Office, 1995).

Para lograr esto, y a cambio de estas mayores libertades, las instituciones se obligaban a "otorgar al gobierno una licencia no exclusiva, intransferible, irrevocable y pagada para practicar o haber practicado para o en nombre de los Estados Unidos la invención en cuestión en todo el mundo" (*Public Law 96-571 96th Congress An Act United States of America in Congress Assembled, Civilian Energy Efficiency Swap Act of 1980*, 1980). Además de presentar la solicitud de patente dentro de un año después de decidir iniciar su gestión, también deberían informar si continuarían o no con esta una vez solicitada la patente, informar sobre la utilización de las invenciones, y, a quienes se les otorgaran licencias exclusivas para usar o vender en Estados Unidos, exigir que los productos se fabricaran sustancialmente en los Estados Unidos, entre varias otras medidas.

Por lo tanto, el Estado descentralizó el control de las invenciones financiadas con fondos federales, otorgando la responsabilidad y la autorización de comercializarlas a las instituciones que reciben una subvención estatal, con ciertas responsabilidades ante el gobierno, el inventor y la sociedad en general.

Por lo anterior es que se requirió la creación, dentro de las instituciones, de unidades que se encargaran de cumplir todos estos requisitos, llamadas oficinas de transferencia tecnológica u oficinas de transferencia y licenciamiento, OTT u OTL, por sus siglas.

Una oficina de transferencia tecnológica es un área que tiene como misión traspasar resultados de investigación al mercado. Responden a la necesidad de gestionar el proceso de transferencia de manera formal con incentivos y políticas claras, y generando vínculos de largo plazo con la industria y el sector público. Para ello, apoya al equipo de investigación en el desarrollo de una estrategia con miras a convertir un resultado de investigación con potencial, en un bien o un servicio que se encuentre disponible en el mercado y solucione un problema de la sociedad.

Para cumplir con esta misión, una oficina de transferencia tecnológica debe contar con un equipo de personas –idealmente, multidisciplinario– con competencias complementarias a las del equipo de investigación; por ejemplo, en materia de negocios, protección de resultados de investigación, aspectos regulatorios, conformación de emprendimientos de base tecnológica, relacionamiento con la industria, entre otras. Es decir, por sobre todo, las oficinas de transferencia deben trabajar sinérgicamente con el respectivo equipo de investigación.

De acuerdo al manejo y orientación de la oficina, existen dos modelos. Está la acción a nivel interno, que trabaja apoyando la transferencia y protección de tecnologías, siendo parte de la misma institución en que se realiza la investigación, en términos administrativos y legales. Es por eso que a las instancias que se desempeñan en este plano se las denomina oficinas internalizadas. Ejemplos de este tipo son las del Massachuset Institute of Technology, Stanford University, Cornell University, Columbia University, Austin Texas, Harvard University y la mayoría de las oficinas de transferencia de Latinoamérica, y algunas de Europa y Asía. Por otra parte, están las oficinas externas que operan para la institución a la que están vinculadas, pero son entidades legalmente independientes, por lo cual se las llama externalizadas. Estas oficinas prestan servicios a las instituciones a las que pertenecen y, en algunos casos, a otras instituciones y empresas que requieran contratar sus servicios de manera particular. Ejemplos de este modelo son las universidades de Oxford con Oxentia y University of Cambridge con Cambridge Enterprise, en Reino Unido, o Queensland University con UniQuest, en Australia.

Embarcarse en el proceso de creación de una oficina de transferencia tecnológica no es fácil y es por ello que existen recomendaciones a la hora de emprender este desafío.

En la “Guía práctica para la creación y la gestión de oficinas de transferencia de tecnología en universidades y centros de investigación de América Latina” de la OMPI, se plantea que “es fundamental que la universidad compruebe, previamente y en forma clara y precisa, si se dan las condiciones objetivas indispensables para la creación de una oficina de transferencia tecnológica". En este sentido, uno de los factores necesarios es establecer la existencia o ausencia de actividades de investigación (Manderieux, 2011).

La guía plantea que, como primer paso, se debe definir la misión de la oficina de transferencia tecnológica, la cual tiene que ser comprendida por todos los actores para que se desarrolle con éxito. Luego se deben señalar las funciones según las necesidades de sus usuarios y, finalmente, es necesario establecer las tareas que realizará y fijar el marco institucional necesario para que la oficina de transferencia tecnológica pueda cumplirlas adecuadamente.

Por lo general, los principales usuarios de una oficina de transferencia tecnológica son los investigadores de la universidad o del centro de investigación. Esto, principalmente porque "los investigadores son la primordial fuente de la innovación que tiene lugar en el marco de la universidad" (Manderieux, 2011).

Sin embargo, continúa la guía, existen otros grupos de usuarios que podrían acceder a los servicios que ofrece una oficina de transferencia tecnológica, como, por ejemplo, estudiantes que estén desarrollando sus tesis o trabajos de investigación, empresas privadas que requieran servicios de investigación y desarrollo o de apoyo para identificar y proteger posibles activos de propiedad intelectual, o instituciones públicas y privadas, como otras universidades, institutos de investigación, inventores independientes, entre otros (Manderieux, 2011).

Funciones de una oficina de transferencia tecnológica

Las oficinas de transferencia tecnológica tienen la misión, como su nombre lo indica, de transferir resultados de investigación al mercado. Dentro del rol de la oficina de transferencia tecnológica se encuentra realizar el mejor acuerdo posible entre la universidad o centro de investigación y la empresa, en donde todas las partes se beneficien. Para conseguir esto es muy importante que las entidades de transferencia puedan articular conversaciones entre actores que manejen diferentes lenguajes y tengan distintos incentivos. En general, las universidades y centros científicos tienen un lenguaje mucho más académico y sus intereses apuntan a impactar a la sociedad con la ciencia que desarrollan, sin conocer mayormente cómo y con qué implicancias se da ese impacto, más allá de la publicación científica. Por otra parte, está el sector empresarial, que tiene una mirada centrada en el negocio y en ámbitos relevantes para ellos, como los aspectos legales o financieros. Al analizar esto, se aprecia una dinámica muy virtuosa al tratarse de miradas complementarias que permiten alcanzar un objetivo, aunque muchas veces se presentan miradas contrapuestas y entonces las oficinas de transferencia tecnológica deben asumir el fundamental rol de aunar posturas.

Adicional a lo anterior, es necesario generar redes que faciliten la puesta en el mercado de bienes y servicios que logren desarrollar al interior de las instituciones –como es el caso de redes de mentores– opciones para acceder a capital financiero y a diversos recursos.

Otro de los roles fundamentales de toda oficina de transferencia tecnológica, y sobre todo de aquellas internalizadas, es resguardar los intereses de la institución o empresa a la cual representan, lo que pueden hacer, por ejemplo, velando por el cumplimiento de las leyes aplicables, los contratos vigentes y los reglamentos y normativas internas de la institución o empresa.

El proceso de convertir una idea o un resultado de investigación en un producto conlleva mucho esfuerzo y tiempo, e incluso requiere competencias que, por lo general, no se encuentran en el equipo de investigación y es por eso que es necesario complementar capacidades. En este sentido, las oficinas de transferencia tecnológica deben ser un complemento a los equipos de investigación, sobre todo en capacidades disciplinares de las cuales carecen, como el desarrollo de estrategias comerciales, apoyo en aspectos legales o soporte en temas estratégicos de propiedad intelectual, entre otros.

Sin embargo, es importante considerar que algunas ideas logran llegar al mercado y otras no, independientemente de su potencial académico. Es aquí cuando las oficinas de transferencia tecnológica toman relevancia. En algunos casos, las oficinas acompañan el proceso desde que comienza la investigación y, en otros, desde que los resultados de la investigación ya se consiguieron, independiente de en qué estado de desarrollo se encuentren. Luego de ello, es muy importante validar en el mercado si existe una real necesidad o si el problema a resolver es efectivo. También lo son la generación de una estrategia preliminar de transferencia, la divulgación y protección del resultado de investigación, el análisis del potencial de mercado y la competencia, el análisis del mejor modelo de negocios y la validación del resultado de investigación, además de apoyar la búsqueda de financiamiento que permitirá acercar el desarrollo al mercado.

Un elemento transversal al proceso y que es parte de las funciones de toda oficina de transferencia tecnológica, es generar una cultura de innovación y emprendimiento. Esto se realiza a través de diferentes acciones, como talleres de formación y seminarios de difusión, o también desarrollando espacios de encuentro entre investigadores e inversionistas, o entre investigadores, emprendedores y empresas. En este sentido, las oficinas de transferencia tecnológica se transforman en articuladores con los diferentes actores y organizaciones del ecosistema, dado que estos cuentan o deberían contar con contactos, así como también con recursos para facilitar las interacciones. Todo lo anterior es tremendamente relevante debido a que la falta de capital social es una de las debilidades más importantes a la hora de transferir tecnologías (Kantis & Angelelli, 2020).

Por lo tanto, las funciones de una oficina de transferencia tecnológica son variadas, y van desde la gestión de recursos públicos hasta la creación de un emprendimiento basado en ciencia, pasando por la generación de una cultura pro innovación y emprendimiento. El tipo y grado de apoyo podría variar, dependiendo de la institución, desde la gestión completa de los procesos anteriores hasta el simple acompañamiento y apoyo a los equipos de investigación para que ellos mismos realicen estas gestiones.

Programas de una oficina de transferencia tecnológica

Unos de los roles clave de las oficinas de transferencia tecnológica es la articulación con actores del ecosistema y también con actividades que puedan contribuir al desarrollo de las tecnologías. Sin embargo, algunas oficinas cuentan con programas propios que permiten apoyar a los científicos en estas labores.

Concursos de patentes

Es bastante común que las oficinas cuenten con programas o actividades que incentiven las solicitudes de patentes, como concursos de patentes o, en su defecto, financiamiento para patentar, cuyo objetivo es apoyar a los académicos en la protección de los derechos de propiedad intelectual de las invenciones, con el fin de incentivar la transferencia al sector productivo y beneficiar a la sociedad con estos avances.

Lo que se ofrece a los equipos de investigación en estos concursos es financiar o realizar la búsqueda del estado del arte previo de las invenciones, realizar una asesoría y ofrecer el apoyo de un equipo especializado en la estrategia de protección y en la obtención de fondos para continuar el proceso de patentes y transferencia tecnológica. También, se ayuda en la redacción y presentación de la patente, es decir, en el financiamiento para la redacción de aquellas invenciones cuyas búsquedas del estado del arte indiquen que son patentables.

Es importante indicar en estos concursos las obligaciones que deberán asumir los académicos: por ejemplo, que los ganadores participen activamente en el proceso de protección, den respuesta a consultas realizadas por los miembros de la oficina para el desarrollo del estudio del estado del arte previo, asistan a reuniones de coordinación con expertos, provean información para la redacción y revisen los borradores de la patente, entre otras.

También es relevante explicitar en este tipo de concursos los criterios de selección de los ganadores, como, por ejemplo, la relevancia del problema que resuelve la invención, los resultados esperados tras sustentar la patente y el nivel de desarrollo de la investigación de la invención, teniendo presente elementos como prototipo, pruebas de laboratorio, ensayos *in vitro*, ensayos *in vivo*, producto final, potencial impacto generado y características del equipo de investigadores.

En algunos casos, estos concursos se realizan orientados a algún mecanismo de protección en específico, como, por ejemplo, concurso de derechos de autor, concurso de diseños industriales, etc., o simplemente se realizan concursos de protección intelectual, de manera de que postulen resultados de investigación independientemente del mecanismo bajo el cual se protegerá.

Como parte del procesos de selección, es muy recomendable que se validen con miembros de la industria las tecnologías presentadas, posibilitándose así con antelación ajustes a los proyectos y a las eventuales solicitudes de patentes. Esto ayuda a evitar inversión de tiempo y recursos en tecnologías que no están acordes a las necesidades del mercado.

Este tipo de programas contribuye a una de las funciones principales de las oficinas de transferencia tecnológica, que es la búsqueda de resultados de investigación o *scouting* de tecnologías.

Se recomienda que este tipo de financiamiento se canalice a través de concursos, ya que esto lo hace más competitivo, posibilita que terceros evalúen y, por sobre todo, es pertinente porque los investigadores están acostumbrados a participar en evaluaciones de pares.

Financiamiento temprano

Otros de los programas interesantes a desarrollar son los de financiamiento temprano, o *Gap program* por su nombre en inglés. Tienen como objetivo cubrir la brecha que existe entre el desarrollo en laboratorio y el mercado, por lo que buscan acelerar la transferencia y comercialización de nuevas tecnologías e invenciones desarrolladas por investigadores de diversas disciplinas de la universidad o del centro de investigación.

Estos programas están dirigidos a investigadores y académicos que cuenten con algún proyecto con cierto avance en los resultados de la investigación aplicada, como pruebas de concepto a escala laboratorio o prototipo a pequeña escala realizado en laboratorio.

Este tipo de programas busca destinar recursos para financiar las actividades de prueba de prototipo en entorno real, de llegar a un producto precomercial funcionando o, idealmente, a una primera versión lista para comercializar. En general, se financian montos entre veinte mil y cien mil dólares por proyecto, y se apoyan entre tres y ocho proyectos por concurso, dependiendo de la disponibilidad presupuestaria y de la capacidad de I+D de la institución.

Los proyectos apropiados para ser financiados por este tipo de concursos, por lo general ya han progresado en la ruta de obtención del financiamiento más tradicional para la investigación, pero aún no han llegado al punto en que son comercialmente viables. Un ejemplo sería un caso donde la viabilidad ha sido demostrada por un prototipo académico, pero se requieren fondos para desarrollar un prototipo de grado comercial.

Este tipo de programas ha demostrado incidir positivamente en la comercialización de tecnologías, y en el apoyo a la creación de nuevos emprendimientos basados en ciencia.

Programa de emprendimiento

Es muy usual encontrar programas de emprendimiento dentro de las instituciones de educación superior. Sin embargo, los emprendimientos basados en ciencia tienen particularidades que hacen que los programas y apoyo deban ser diferentes.

El objetivo de este tipo de programas debe ser agregar valor económico y social al país y el mundo, impulsando a proyectos de base científico-tecnológica hacia etapas más cercanas al mercado. Generalmente apoya la fase de prototipado, desarrollo de negocio y empaquetamiento, empujando la evolución de un prototipo básico a uno avanzado para agilizar el tránsito del emprendimiento. Para ello se requiere que los proyectos cuenten con resultados de laboratorio, pruebas de concepto o prototipos que demuestren su factibilidad técnica.

Cuando existe controversia de si hubo o no uso significativo de recursos para obtener un resultado de investigación, será la unidad encargada de la transferencia tecnológica o la máxima autoridad del área a donde pertenece el equipo de investigación, quien lo determine. De no haber acuerdo, se sugiere que existan comisiones conformadas para estos fines, que puedan analizar y resolver el conflicto.

La retribución comercial es otro de los aspectos fundamentales dentro de estos reglamentos. Si bien es cierto los acuerdos cambian según sea el país, o incluso según sea la institución dentro de un país, en algunos casos se establece que, de la distribución de los beneficios económicos que perciba la institución como producto de la comercialización de los derechos de propiedad intelectual, un 15% irá a favor de la oficina de transferencia tecnológica que se hiciere cargo del servicio de tramitación y gestión de propiedad intelectual y comercialización, y que el remanente se repartirá, entregando un tercio para el equipo de investigación, un tercio para la facultad o departamento de donde proviene el equipo de investigación y un tercio para la institución. En algunos casos se establecen montos mayores para el equipo de investigación, como forma de incentivar a los investigadores a innovar. Al tratarse de una universidad, cuando se transfiere una tecnología es fundamental que esta se reserve los derechos de uso de los resultados transferidos para fines educacionales, de docencia y de investigación.

Otro aspecto que es muy usual que aparezca en estos reglamentos es el de las obligaciones de confidencialidad, en donde se establece que los equipos de investigación tendrán la obligación de mantener reserva sobre cualquier información que pudiera afectar la obtención de algún derecho de propiedad intelectual, y que ellos deberán suscribir los respectivos acuerdos de confidencialidad.

Finalmente, en estos reglamentos también se regula cómo y quiénes resolverán los potenciales conflictos que surjan. Muchas veces se establece que en primera instancia lo haga alguna autoridad competente y, en segunda instancia, un comité interno, especializado y conformado para dichos fines.

Reglamento de creación de *spin off*

Otro de los reglamentos que es muy relevante es el de creación de emprendimientos basados en ciencia o también denominado reglamento de *spin off*, como fue detallado en el capítulo 5. Este tipo de reglamento establece los procesos mediante los cuales los investigadores pueden participar en la transferencia de resultados de investigación mediante creación de *spin off*, es decir, deberes y derechos tanto de la institución como de los mismos investigadores.

En este reglamento se establece claramente las condiciones sobre el proceso de aprobación de creación de un *spin off* al interior de una institución, así como ciertos incentivos para los equipos de investigación para su creación. También se norma la relación que debe existir entre la institución y el nuevo emprendimiento, como también la potencial participación accionaria de esta en la *spin off*. Otro aspecto que es recomendable normar es la posible participación de funcionarios y otras personas contratadas por la institución en actividades de la *spin off*, al menos en su génesis y en pasos relevantes, que, si no se norman, pueden implicar conflictos en el futuro, factor que puede inhibir el interés de algún inversionista.

Se debe normar claramente si miembros del equipo investigador pueden o no ser accionistas del *spin off* y también regular el potencial conflicto de interés que se genere al ser miembro de la institución licenciante y a la vez de la empresa licenciataria, regulación que se hace posible estableciendo, por ejemplo, si podrán participar y conocer de las tratativas de la licencia con la institución. De permitirse, se debe impedir la realización de actos directos de negociación respecto a sus términos. También se debe normar si las personas sujetas a contrato con la institución podrán o no ejercer el cargo de gerente o presidente de la nueva empresa, o si solo podrán ejercer el cargo de director científico o consultor, siempre regulando el potencial conflicto de interés que se pueda generar.

Es importante también que estos reglamentos regulen los potenciales conflictos de interés que puedan surgir producto de la transferencia de resultados de investigación. Es muy importante señalar que el conflicto de interés *per se* no es el problema: es problema cuando no se declara y no se resuelve adecuadamente.

Se entiende que se produce un conflicto de interés cuando un miembro de la institución tenga o pueda tener la oportunidad de ejercer influencia respecto de las decisiones que adopte la institución dentro de su ámbito y que estas puedan suponer o permitir una ganancia o ventaja personal, de un familiar o de personas relacionadas, y cuando un miembro de la institución tenga directa o indirectamente intereses que afecten o puedan afectar su independencia para adoptar decisiones, dentro de su competencia, en el cumplimiento de sus funciones con la institución.

En algunas ocasiones, se generan reglamentos de conflictos de interés e incluso de conflicto de compromiso más amplios, que abarcan los aspectos de transferencia tecnológica, y en otras ocasiones simplemente se incluyen los aspectos dentro de los reglamentos de propiedad intelectual y creación de *spin off*. Sea cual fuese el camino elegido, lo importante es que quede todo claramente definido para así poder incentivar la comercialización de tecnologías.

Reglamento de conflictos de interés

El reglamento que norma los conflictos de interés es fundamental en el proceso de transferencia tecnológica. Esencialmente, este reglamento establece que los miembros de la institución están obligados a actuar siempre con probidad en sus funciones, evitando obtener de ellas un beneficio personal inadecuado.

Si bien es cierto el conflicto de interés por sí mismo no es malo, lo que estos reglamentos persiguen es que sean identificados rápidamente, declarados y resueltos de la mejor manera posible.

Como hemos señalado, existirá conflicto de interés cuando alguien tenga la oportunidad de ejercer una influencia respecto de decisiones que adopte la institución, que puedan generar ventajas personales o cuando tenga directa o indirectamente intereses que afecten su independencia para adoptar decisiones. Esto puede ocurrir muchas veces cuando se cree un *spin off*, donde participe o no la institución y se generen ciertos acuerdos entre ambas instancias. Por ejemplo, influir en la compra de bienes que beneficien al académico o al *spin off*, recibir regalos o favores especiales con el objetivo de influir en la toma de decisiones de la institución, hacer uso de medios de la institución para su beneficio particular o el de su empresa, usar para beneficio personal información reservada, o infraestructura o equipos que pertenecen a la institución, sin autorización, entre otros.

Lo relevante del reglamento es el procedimiento para resolver el potencial conflicto de interés, determinando a quiénes se debe informar, cuándo, cuánto tiempo hay para analizarlo y el tipo de medidas a tomar.

Dentro de las medidas que se adoptan están la prohibición o autorización de realizar la actividad que suponía el conflicto, o la autorización de dicha actividad sujeta al cumplimiento de ciertas condiciones que busquen eliminar los efectos negativos del conflicto.

En el procedimiento se sugiere establecer una instancia de aplelación, como también las sanciones al no cumplimiento de la resolución.

Si bien es cierto el reglamento de conflictos de interés es muy útil para el ámbito de la transferencia tecnológica, abarca muchos aspectos de la relación entre el investigador y la institución.

Incentivos

Es muy importante entender que los investigadores son los protagonistas del proceso de transferencia tecnológica, por lo que es clave que las instituciones orienten gran parte de sus esfuerzos hacia la creación de capacidades en investigación y desarrollo tanto materiales como humanas, y también hacia la generación de los incentivos necesarios para que los investigadores se involucren en aspectos de transferencia tecnológica.

Uno de los incentivos importantes es el financiamiento para la investigación. En la mayoría de los países del mundo, el financiamiento de la investigación proviene fundamentalmente de agencias del Estado a través de fondos concursables o fondos denominados basales, que en la mayoría de los casos son también concursables. Sin embargo, el trabajo en conjunto con el sector privado también es clave a la hora de financiar la ciencia, así como también lo es el financiamiento proveniente de fondos internacionales. Por esto es importante que las instituciones puedan articular y facilitar el proceso de levantamiento de recursos tanto públicos como privados y que, en la medida de lo posible, la institución ponga a disposición fondos propios para proyectos de investigación a través de concursos internos.

También es relevante incentivar la generación de investigación interdisciplinaria que permita una aproximación a los problemas desde distintos puntos de vista, lo que facilita encontrar soluciones innovadoras. Esto se puede realizar a través de la generación de concursos que tienen mayores probabilidades de adjudicación si el equipo está compuesto por investigadores de diferentes disciplinas.

Otra forma de crear incentivos a la producción investigadora y transferencia tecnológica es la generación de reglamentos internos, como los de propiedad intelectual y los de creación de *spin off*, que regulan y establecen los estímulos para la realización de las actividades asociadas a estas materias. Dentro de los aspectos que norman estos reglamentos se encuentran los incentivos financieros, donde se establece la forma en que se repartirán los potenciales ingresos que reciba la institución por estos conceptos, entre el o los investigadores. En este sentido, las universidades más fértiles en términos de transferencia tecnológica y *spin off* son las que otorgan a los inventores una participación adecuada en los resultados de la comercialización (Bramwell & Wolfe, 2008).

También se puede incentivar a través de la creación de "tiempos protegidos" para la realización de investigación y transferencia tecnológica, como un periodo sabático o la reducción de otro tipo de labores, como las académicas. Debido a que resulta necesario destinar tiempo para validar un bien o servicio a nivel técnico y comercial, desarrollar el equipo y los contactos, y acceder y organizar los recursos que permitan concretar la innovación y un potencial emprendimiento, es importante contar con normas y reglamentaciones que permitan al investigador compatibilizar estas actividades con su carrera académica (Kantis & Angelelli, 2020).

En el caso de la creación de *spin off*, algunas instituciones han establecido como incentivo que la institución podrá licenciar los resultados de investigación a la *spin off* en condiciones más favorables que a terceros, como, por ejemplo, otorgar una primera opción de licencia, condiciones más beneficiosas de pago de regalías, mayor duración de la licencia, entre otras. Algunas instituciones han permitido, también, que el investigador que participe en un *spin off* podrá solicitar permiso de ausencia o modificación de jornada laboral con derecho a reserva del puesto de trabajo, sin goce de sueldo o con la respectiva adecuación de la remuneración, y sin pérdida de antigüedad. También se ha considerado permitir la utilización de espacio físico. En el caso de potenciales ingresos, los accionistas del *spin off* podrán retirar utilidades cuando corresponda y, a la vez, recibir regalías por los resultados de investigación desarrollados previamente.

Otro de los aspectos clave es establecer normas que tomen en cuenta el desempeño en innovación de los investigadores, reconociendo e incentivando su carrera académica. Es decir, en universidades se deben establecer incentivos claros de promoción en la carrera académica para aquellos investigadores que estén vinculados a actividades de transferencia tecnológica e innovación.

El prestigio y el reconocimiento es otro de los incentivos hacia los investigadores involucrados en materias de transferencia tecnológica. Por ejemplo, se puede generar una ceremonia anual de transferencia tecnológica donde se invite cada año a distintos actores del mundo académico, empresarial y gubernamental relacionado con estas materias y que en tal oportunidad se premie a académicos que obtuvieron patentes, a aquellos cuyos resultados han sido licenciados y también a las facultades que históricamente tienen la mayor cantidad de solicitudes de patentes, entre otras opciones.

Los incentivos son muy relevantes, ya que los académicos de una universidad no están obligados o mandatados a seguir este camino; es más, las cifras internacionales indican que no más del 20% de los investigadores de una universidad participan en actividades de transferencia tecnológica.

Estrategia y estructura

El concepto básico de planificación estratégica plantea que no se puede llevar a cabo una estrategia sin estructura y que, a su vez, una estructura no se concibe sin una estrategia. Para las organizaciones de mayor tamaño, podría llegar a ser más compleja la relación que para una organización más pequeña, aunque es muy importante que la estructura organizacional se desarrolle y se evalúe conforme evolucione la estrategia, de manera de no caer en la tentación de reestructurarse según la coyuntura, sino que más bien según lo que se persigue.

En el caso de las oficinas de transferencia tecnológica, es muy importante que su estrategia esté alineada con la estrategia de la institución. En este sentido, es recomendable realizar un análisis acabado del plan estratégico de esta y verificar cómo el accionar de la oficina contribuye y reporta a completar dicho plan, de manera de considerar estas labores no como una actividad paralela y adicional, sino como una actividad que está completamente alineada con lo que la institución en su conjunto persigue.

Por otra parte, se recomienda que los planes estratégicos de las oficinas sean de mediano y largo plazo, es decir de cinco o más años, y que cuente con planes operativos a uno o dos años, como máximo. Es importante también que este plan contemple la interacción con los diferentes actores clave de ecosistema de innovación y emprendimiento de la institución, como pueden ser centros de emprendimiento, incubadoras, aceleradoras u oficinas de vinculación, ya que todas tienen en común la innovación, el desarrollo de productos, así como su función de puente entre la academia y la sociedad. Sin embargo, es fundamental que cada una de las organizaciones tenga claro dónde empieza y concluye su rol, y que los perfiles de recursos humanos con los que se cuenta sean los apropiados.

Con respecto a la estructura, es fundamental que esta se adapte a la cultura de la organización y que los perfiles se adecúen a las necesidades de posicionamiento, gestión de propiedad intelectual y comercialización de tecnologías, como mínimo. En algunos casos, las estructuras responderán a una organización compartamentalizada según funciones, es decir, por una parte, se gestionará la propiedad intelectual y por otra la comercialización de tecnología. Esto es ventajoso a la hora de especializar funciones, aunque instala el desafío de tener una articulación relevante para evitar que algunas acciones no pasen de una estructura a otra, o que finalmente ningún área se haga cargo de acciones que crea que no le corresponden. Otro mecanismo es tener una estructura matricial donde las áreas son responsables de la ejecución de las actividades en toda su extensión, aunque se utilizan capacidades de otras áreas funcionales de la oficina. En este tipo de estructura, el trabajo es mucho más integrado, pero representa un fuerte desafío de aplicar una coordinación fuerte ya que muchas veces una misma persona se podría sentir con dos jefes.

Independiente de qué estructura se adapte, lo importante es que esté alineada con la estrategia y que esta se reporte al plan de desarrollo de la institución.

Cultura de transferencia tecnológica

La creación de una cultura de transferencia tecnológica al interior de la institución es fundamental para fortalecer el ecosistema. Esta instancia comprende talleres, seminarios, cursos integrados a las mallas curriculares de los programas de pregrado y postgrado, actividades de promoción de la innovación y concursos.

La cultura de innovación tiene un papel central en la capacidad evolutiva y de competitividad de las universidades. Hacer explícito el conocimiento de esta cultura permite a las instituciones articular a cada uno de los miembros de la institución como actores clave y participantes en su desarrollo. Las instituciones, de manera estratégica, deben establecer acciones tendientes a hacer que la innovación y la transferencia tecnológica cumplan un rol fundamental dentro de la actividad universitaria.

Dentro de las actividades que se pueden realizar, se encuentran una jornada de reconocimiento, o un día de la innovación o de la transferencia tecnológica, oportunidad en la que se premia el trabajo de académicos y estudiantes en este ámbito. Se recomienda realizarla una vez al año y con la presencia de las máximas autoridades, mediante una ceremonia formal y estructurada.

Otras de las actividades son ciclos de charlas sobre materias específicas, como propiedad intelectual, transferencia tecnológica o generación de *spin off*, pudiendo estar dirigidas a investigadores, doctorandos y comunidad universitaria en general. Estas charlas son más bien informativas, de corta duración, dictadas por expertos, ya sea de la oficina de transferencia o externos a la institución, y efectuadas con un amplio espacio para responder preguntas. Dependiendo de la cultura de la organización, una alternativa es realizar charlas para públicos específicos no necesariamente abiertas, y también algunas enfocadas a todo público, de manera de que los diferentes actores se sientan convocados.

También es importante generar actividades de difusión temáticas; por ejemplo, según áreas de investigación, como educación, biomedicina o la que corresponda a la institución, ya que cada una de ellas tiene especificidades particulares, por lo que es necesario difundir metodologías e innovaciones en sus respectivos campos y disciplinas.

Otras de las actividades que fomentan la cultura de transferencia son las jornadas de trabajo colaborativo, con el objetivo de capacitar a profesionales y gestores tecnológicos de distintas áreas de la institución sobre temas de transferencia tecnológica, protección intelectual y emprendimiento basado en ciencia.

Otro mecanismo de fomento de una cultura de transferencia tecnológica al interior de una universidad es la realización de cursos lectivos sobre transferencia tecnológica y propiedad intelectual, dirigido a estudiantes tanto de pre como de post grado. Es muy relevante enseñarles sobre emprendimiento basado en ciencia y proporcionar experiencia práctica, ya que ellos serán algunas de las personas que desarrollarán actividades exitosas en el futuro. Es muy importante que estas actividades sean talleres prácticos más que teóricos, por lo tanto, que en ellos se desarrolle el ejercicio académico, idealmente con proyectos reales.

Posicionar a la institución a nivel nacional e internacional sobre producción innovadora basada en ciencia y fortalecer vínculos internacionales, a través de un plan de posicionamiento que incluya actividades de promoción de la innovación, como seminarios, congresos y ferias, con impacto nacional e internacional, o la mantención de plataformas web interactivas que permitan difundir destacando la cartera de proyectos a transferir, actividades de innovación, investigación aplicada o protección de tecnologías, es una meta que permite relevar el rol externamente, a la vez que reforzar internamente la identificación y fortalecimiento de la cultura.

Casos de éxito

Según estadísticas publicadas (Stevens & Burley, 2003) referidas a procesos de desarrollo de nuevos negocios, de 3.000 ideas, solo una llega a ser exitosa en el mercado. De ese total, 300 fueron presentadas a alguien y 125 de estas se materializaron en un proyecto formulado. De los 125 proyectos, según se desprende del reporte, nueve pasarán a una fase inicial de desarrollo, para que cuatro de ellos alcancen un nivel de importancia relevante. Finalmente, solo 1,7 se transforman en un bien o un servicio que podrá ser lanzado al mercado para que solo uno sea exitoso.

Estos desalentadores datos revelan que la innovación presenta altos riesgos y tiene tasas de éxito muy bajas. Por esto, es muy importante demostrar que todo el esfuerzo destinado a la transferencia teológica es relevante, mediante la obtención de algún caso de éxito, en el corto plazo.

Lo anterior, de todos modos, no es fácil y puede transformarse casi en una apuesta, pues interviene el azar y las posibilidades de ganar o perder no dependen exclusivamente de la habilidad del jugador.

Entonces, en una etapa inicial del establecimiento de una oficina de transferencia tecnológica es muy importante, además de muchas otras variables, concentrarse en obtener algún caso de éxito en el corto plazo. Esto se puede lograr seleccionando un grupo de proyectos prometedores y siendo flexibles para lograr la transferencia. Es posible que los primeros casos no impliquen grandes réditos económicos, y también es posible que haya que ceder y adaptarse a las circunstancias para conseguirlo, pero lo relevante finalmente es llevar un resultado de investigación al mercado de manera de demostrar que es posible lograr la meta.

Como planteó Isaac Newton en la primera de sus leyes, “un cuerpo no puede cambiar por sí solo su estado inicial, ya sea en reposo o en movimiento rectilíneo uniforme, a menos que se aplique una fuerza o una serie de fuerzas cuya resultante no sea nula” (*Newton: Leges Motus from the Principia*, n.d.). Esta inercia es la que se debe romper, debiéndose ocupar la energía necesaria para cambiar el estado inicial de la comercialización de tecnologías de una institución. Cuando esto ocurre, la segunda, la tercera y la enésima transferencia serán mucho más fáciles o mucho más beneficiosas.

Estrategia de financiamiento

Basado en la experiencia de la Pontificia Universidad Católica de Chile y según su Manual de Transferencia Tecnológica, a continuación, se detallan diferentes estrategias que permitirán fortalecer las oficinas de transferencia tecnológica al interior de una institución.

Primero, se requiere fomentar la especialización y autonomía en la estructura organizacional por medio del reforzamiento de las capacidades que apunten a lograr en los miembros de equipo conocimientos relevantes relacionados con el desarrollo de la innovación y la transferencia. Entre estos, detección de oportunidades de transferencia basados en los resultados de investigación, negociación de contratos de transferencia, estrategias de protección de los resultados de investigación, inteligencia competitiva, entre otros.

Segundo, agilizar la gestión de apoyo a la transferencia de tecnologías en base a una revisión del modelo de trabajo y metodología de transferencia realizados por la oficina de transferencia para el manejo de las carteras de proyectos, proponiendo mejoras permanentes en los procesos que permitan un flujo más expedito para la transferencia.

Tercero, contar con recursos estables para la operación de la oficina, fundamentalmente para el equipo de personas. La institución debe ocuparse en atraer financiamiento base, complementario al financiamiento institucional, que le permita afianzarse, mejorando la cantidad y calidad de sus actividades. Esto es generar un modelo de financiamiento que provea una matriz de recursos diversificada para el crecimiento de la oficina en el largo plazo, que cuente con fondos internos de la institución, fondos de concursos públicos, tanto nacionales como internacionales y financiamiento de privados.

Cuarto, fortalecer el financiamiento privado para los desarrollos tecnológicos apoyados por la oficina. La obtención de financiamiento de fuentes privadas para la realización de proyectos de investigación y desarrollo –que contribuyan al desarrollo de tecnologías a ser aplicadas y transferidas al mercado y la sociedad– es primordial para fortalecer el funcionamiento de la transferencia tecnológica.

Quinto, generar vínculos con redes de inversionistas de riesgo. Los inversionistas de riesgo buscan invertir en tecnologías, apostando por soluciones tecnológicas a problemas globales, con foco en grandes industrias, minimizando riesgos en una cartera de inversiones diversificada. Invierten en empresas con innovación desarrollada, potencial disruptivo y altas ventajas competitivas, con el objetivo de generar alta rentabilidad. Esta vinculación permite atenuar la brecha en la cadena de financiamiento de los emprendimientos basados en ciencia y tecnología que aún no está cubierta, y puede ser una oportunidad atractiva de inversión y acceso a proyectos innovadores, apoyando el desarrollo de emprendimientos con escala mundial.

Sexto, revisar en forma periódica la regulación de los procesos de apoyo a la transferencia tecnológica. Es relevante revisitar los reglamentos de propiedad intelectual, de creación de *spin off* y otros, al menos una vez cada diez años; esto, debido a que el ecosistema es cambiante y es necesario que las normas estén alineadas con los incentivos y los eventuales cambios a las leyes nacionales.

Fortalecer la infraestructura existente que contribuya a desarrollar los proyectos de investigación y desarrollo es otra de las estrategias relevantes para fortalecer la actividad de transferencia tecnológica al interior de una institución.

Séptimo, fortalecer la generación de redes de contacto y participar en asociaciones o agrupaciones especializadas en temas de propiedad intelectual y transferencia tecnológica, ya que permite compartir buenas prácticas, conocer las experiencias y los problemas que otros enfrentan, que normalmente son muy similares entre una organización y otra.

Las personas, como elemento esencial

El principal activo con el que cuenta una oficina de transferencia tecnológica, está en las personas. En este sentido, ellas son un apoyo clave para lograr una exitosa comercialización de tecnología. En el documento "Maximizing the impact of your TTO" (Bos, 2017) se establece que, para asegurar un equipo de personas competentes en una oficina de transferencia tecnológica, se recomienda que cuenten con "capacidad de relacionarse y entender a los académicos y su trabajo académico", es decir, que posean conocimiento científico capaz de entender en términos generales los desarrollos y facilitar el diálogo con los investigadores.

El documento plantea que es muy importante contar con excelentes habilidades comunicativas, de relacionamiento y de trabajo en equipo, ya que estas son uno de los aspectos clave a la hora de gestionar la transferencia tecnológica. También es relevante contar con capacidad de entender el mundo de los negocios y sus necesidades, es decir, contar con experiencia en negocios; sin embargo, el conocimiento técnico es muy deseado, ya que permitirá dialogar con los investigadores y comprender muy bien lo que se desea comercializar.

Según el autor, también se requiere contar con la capacidad de gestionar muchos proyectos simultáneamente y, por ende, capacidad de priorización del trabajo, que será fundamental para gestionar un portafolio de tecnologías.

El capital social de los equipos de trabajo es muy deseado (Bos, 2017), ya que permite la construcción de redes de contacto, elemento clave a la hora de vincular la universidad y las empresas, y es fundamental para comercializar tecnologías.

Claramente, contar con personas con todas estas características y habilidades no es fácil, por lo que, cuando se inicia un proceso de reclutamiento, se recomienda verificar cuáles son las necesidades de la oficina y qué conocimientos necesitarían aprender o adquirir los candidatos. Esto permitirá conformar programas de capacitación y tutoría para nuevas habilidades y desarrollo profesional de manera de contar con las capacidades necesarias para desarrollar el trabajo (Bos, 2017).

La experiencia del equipo de trabajo es fundamental, pero lo es no solo aquella con la que se llega al conformar los equipos, sino también la que se va adquiriendo con la experiencia del trabajo. Por este motivo es muy importante evitar la alta rotación en los equipos de transferencia tecnológica, siendo importante generar incentivos para retenerles. Aquellas oficinas que logran baja rotación de los puestos clave lograrán capitalizar de mejor manera el capital intelectual que han desarrollado y, con eso, reducir o aumentar las tasas de éxito de la gestión de las oficinas de transferencia tecnológica.

Métricas de desempeño

Para evaluar el desempeño de la transferencia tecnológica en una institución y, por ende, los resultados de una oficina de transferencia tecnológica, es fundamental contar con indicadores de rendimiento. La Universidad de British Columbia[9], ha establecido un conjunto de métricas y lo ha dividido en cuatro grupos de impactos. El impacto académico, el impacto económico, el impacto financiero y el impacto social.

Con respecto al impacto académico, se plantean cuatro criterios de evaluación: el número de estudiantes capacitados durante el desarrollo de la tecnología, el número de publicaciones basadas en la tecnología y evaluación de impacto de revistas, el nivel de financiamiento para investigación y desarrollo de la

9 https://www.ubc.ca/

tecnología, y la capacidad de continuar apoyando futuros desarrollos junto al progreso académico del investigador. El impacto académico es el indicador más común, con mayor potencial, y se mide o percibe frecuentemente en el momento de transferir la tecnología, lo que demuestra que la comercialización de tecnología no es a expensas del desarrollo académico.

El impacto económico es uno de los criterios más evidentes de la gestión de transferencia tecnológica. Dentro de los criterios, se encuentran el número de personas contratadas en empresas *spin off*, las ventas totales de las empresas *spin off* y las ventas generadas de tecnologías licenciadas a terceros. Dentro de lo planteado por la Universidad de British Columbia, figura que la mitad de las tecnologías licenciadas alcanzan su impacto potencial después de aproximadamente cinco años, que la mayoría de las licencias tiene un bajo impacto económico y un pequeño número tiene un impacto muy significativo.

En cuanto al impacto financiero, los criterios de medición son el nivel de *royalties* anuales u otros pagos recibidos por la institución de acuerdo a lo establecido en la licencia y el valor de las acciones en las empresas *spin off*. Es importante entender que la mayoría de los ingresos vía licenciamiento proviene de un pequeño número de licencias y que la licencia de tecnologías no está motivada principalmente por potenciales retornos financieros, sino que por el impacto en las otras áreas.

En el impacto social los criterios son la relevancia del tema que está siendo tratado, como, por ejemplo, enfermedades, temas medioambientales o problemática de grupo minoritarios. Otro de los criterios son la prevalencia del problema enfrentado y el rol de la tecnología en aminorar la amenaza o prevalencia del problema. La universidad plantea que para las tecnologías licenciadas cuyo mayor impacto potencial es el social, la mitad de estas licencias tarda de quince a veinte años en alcanzar su potencial, y las tecnologías relacionadas a las terapias médicas, con frecuencia, ofrecen el mayor impacto potencial de su portafolio.

Otro aspecto relevante planteado por la Universidad de British Columbia es que en el caso de las empresas *spin off*, las tecnologías licenciadas que forman la base de las empresas *spin off* tienen mayores impactos reales y potenciales en general, en comparación con otras licencias. Por ejemplo, es muy probable que los grandes retornos financieros para una institución provengan de la participación accionaria en emprendimientos basados en ciencia .

Otras de las métricas para la evaluación de actividades de transferencia tecnológica en instituciones creadoras de conocimiento, planteadas por Praxis Unico, *Metrics for the evaluation of knowledge Transfer Activities at Universities*

(Holi *et al.*, 2008), es la creación de redes y se puede medir según el número de personas que se conocieron en eventos organizados por la oficina de transferencia que condujeron a actividades de innovación. Para medir la eficiencia de estas actividades, se puede estimar el porcentaje de eventos sostenidos que condujeron a actividades de transferencia.

Por otra parte, el desarrollo de actividades de formación profesional se puede medir con el número de cursos desarrollados, personas y empresas que asisten. Para medir la calidad de estas actividades existen indicadores, como la retroalimentación y evaluación de los asistentes.

Con respecto a las consultorías que una oficina de transferencia tecnológica podría prestar, está el número y nivel de ingresos de los contratos, el porcentaje de ingresos relativo a otros ingresos, participación de mercado, número de clientes y tiempo de la relación con clientes. Para medir su calidad, está el porcentaje de recompra, la evaluación y retroalimentación de los clientes, y la calidad e importancia del cliente.

Con respecto a la investigación colaborativa y a los contratos de investigación por contrato, se pueden medir según el número y valor o ingresos de contratos, el porcentaje de los ingresos relativo a los ingresos totales de investigación, la participación de mercado o el tiempo de la relación con clientes. Para medir la calidad de la actividad, están el porcentaje de recompra, la evaluación y retroalimentación de los clientes y el número de productos creados exitosamente desde la investigación.

Otro de los indicadores son las patentes. Estas se miden según el número de patentes solicitadas, como prioridades, solicitudes internacionales, etc. Sin embargo, es muy importante entender que las patentes son un medio y no un fin en sí mismo.

El licenciamiento es uno de los indicadores clave de toda oficina de transferencia tecnológica. Este se mide con el número de licencias firmadas, los ingresos generados vía licenciamiento o el número de productos generados a partir de las licencias. Para medir la calidad de estas licencias, está la evaluación de los clientes, la calidad de la empresa licenciataria, y el porcentaje de ingresos generados vía licenciamiento versus otros mecanismos de ingresos por comercialización de tecnologías.

Finalmente, con respecto a la creación de emprendimientos basados en ciencia o *spin off*, está el número de empresas creadas, las ventas generadas, la inversión externa levantada, el valor de mercado de las empresas, la tasa de supervivencia, la calidad de los inversionistas, la satisfacción inversionista-cliente y la tasa de crecimiento de los emprendimientos.

Por lo tanto, a diferencia de lo que se podría pensar, el aspecto financiero es solo un elemento y no necesariamente el más revelador para determinar el impacto de la transferencia tecnológica. Elementos como la mejora de la reputación de la universidad o centro científico donde se hace el desarrollo y, sobre todo, la mejora de la credibilidad nacional e internacional para las instituciones donde se hacen estos desarrollos, son indicadores fundamentales.

Sean cuales fuesen las métricas a utilizar, el impacto de la transferencia de tecnología debe medirse de manera exhaustiva, teniendo en cuenta los múltiples factores relacionados con esta actividad.

◇

Agradecimientos

Quiero agradecer a Agustín Longton, con quien iniciamos esta aventura. Su aporte sistemático y visión metodológica permitió generar las bases de lo que hoy es este libro. Quiero agradecer también el apoyo y guía de Juan Larraín, Sol Serrano, Pedro Bouchon e Ignacio Sánchez, no solo en este desafío, sino que en el desarrollo profesional vinculado a la transferencia tecnológica.

También agradezco a quienes me orientaron desde otras latitudes: Lita Nielsen, John Fraser, Nancy Leavy, Daphne Ioannidis y Elizabeth Ritter, quien además hizo una profunda y acabada revisión del texto y aporte de casos.

Agradezco a quienes me ayudaron con la revisión crítica y con valiosos comentarios que me permitieron reflexionar y mejorar los capítulos que integran esta publicación: Carlos Olivares, Nancy Rampaphorn, Barbara Ribbeck, Magali Maida, Alex Parnas, Claudio Parra y Eugenia Olivares.

También agradezco a quienes contribuyeron con casos de éxito de Chile y Latinoamérica: Diana Díaz, Sergio Cuellar, Fanny Almario, Fabiola Vásquez, Sandra Araya y Germán Rehren. Reconozco y agradezco sinceramente a todo el equipo de la Dirección de Transferencia y Desarrollo UC, quienes con mucha pasión y profesionalismo han ido haciendo camino en torno a la transferencia tecnológica en Chile. Mis colegas han sido una gran inspiración para desarrollar este libro.

Quiero agradecer finalmente a mis amigos y amigas que me han apoyado en este desafío y, particularmente, a mi familia: Ofelia, Olivia y Alicia, que me inspiran día a día y a quienes amo profundamente. Agradezco también a mis padres Juan y María Eugenia por guiarme y apoyarme permanentemente, y a mi hermana Daniela y mi sobrino Julián, a quienes adoro.

Lista de referencias

¿Conoces la diferencia entre el Marketing y la Publicidad? - MásQueNegocio. (2018). https://www.masquenegocio.com/2018/01/10/diferencia-marketing-publicidad/

Agarwal, A., Mulgund, A., Hamada, A., & Chyatte, M. R. (2012). *The effects of male age on sperm analysis by motile sperm organelle morphology examination (MSOME).* https://doi.org/10.1186/s12958-015-0032-1

Ahn, M. J., & Meeks, M. (2008). Building a conducive environment for life science-based entrepreneurship and industry clusters. *Journal of Commercial Biotechnology, 14*(1), 20–30. https://doi.org/10.1057/palgrave.jcb.3050076

Albert, M. L., Donald, S., & Wright (Eds.). (2015). *The Chicago Handbook of University Technology Transfer and Academic Entrepreneurship.*

Ameka, I. (2013). Technology Push vs. Market Pull in Technology University Innovation Commercialization Case Study: ITB. *Information Management and Business Review, 5*(7), 337–341. https://doi.org/10.22610/imbr.v5i7.1060

Arreglo de Niza Relativo a la Clasificación Internacional de Productos y Servicios para el Registro de las Marcas. (n.d.). Retrieved January 5, 2021, from https://www.wipo.int/treaties/es/classification/nice/

Asociacion Chilena Administradoras de Fondos de Inversión. (2018). *Reporte Venture Capital & Private equity 2017 - 2018.*

Atkins, M. E. (2009). Driving the Innovation Economy. *Baseline, 94,* 11. http://search.ebscohost.com/login.aspx?direct=true&db=bsu&AN=37323636&site=ehost-live

Audretsch, D. B., & Lehmann, E. E. (2004). Financing High-Tech Growth: The Role of Banks and Venture Capitalists. *Schmalenbach Business Review, 56*(4), 340–357. https://doi.org/10.1007/BF03396700

Augsdorfer, P. (2005). Bootlegging and path dependency. *Research Policy, 34*(1), 1–11. https://doi.org/10.1016/j.respol.2004.09.010

AUTM. (2017). *AUTM 2017 Licensing Activity Survey.* https://sites.nationalacademies.org/cs/groups/dbassesite/documents/webpage/dbasse_172827.pdf

Base de datos de la OMPI de textos legislativos de propiedad intelectual. (1979). *Convenio de París para la Protección de la Propiedad Industrial.* 1–20. https://www.wipo.int/treaties/es/ip/paris/

Bauer, S., & Flagg, J. (2010). Technology Transfer and Technology Transfer Intermediaries. *Assistive Technology Outcomes and Benefits, 6*(1), 129–150.

Biggar Economics. (2017). *The Economic Contribution of the Institutions of the LERU Universities. 44*(November).

Bjørnåli, E. S., & Gulbrandsen, M. (2010). Exploring board formation and evolution of board composition in academic spin-offs. *Journal of Technology Transfer, 35*(1), 92–112. https://doi.org/10.1007/s10961-009-9115-5

Bonardo, D., Paleari, S., & Vismara, S. (2010). The M&A dynamics of European science-based entrepreneurial firms. In *Journal of Technology Transfer* (Vol. 35, Issue 1). https://doi.org/10.1007/s10961-009-9109-3

Bos, A. (2017). *Maximising the impact of your TTO Introducing the trainer.*

Bottazzi, L., & Da Rin, M. (2002). Venture capital in Europe and the financing of innovative companies. *Economic Policy, 17*(34), 229–270. https://doi.org/10.1111/1468-0327.00088

Bramwell, A., & Wolfe, D. A. (2008). Universities and regional economic development: The entrepreneurial University of Waterloo. *Research Policy, 37*(8), 1175–1187. https://doi.org/10.1016/j.respol.2008.04.016

Brem, A., & Voigt, K. I. (2009). Integration of *market pull* and *technology push* in the corporate front end and innovation management-Insights from the German *software* industry. *Technovation, 29*(5), 351–367. https://doi.org/10.1016/j.technovation.2008.06.003

Calidad de las patentes, incluidos los sistemas de oposición Procedimientos de Oposición y Nulidad. (n.d.). Retrieved December 30, 2020, from http://www.wipo.int/scp/en/revocation_mechanisms/].

Canetti, E. (2012). *Marketing of Technologies 2012 4.*

Carbonell, S. D. T. (2012). Fuentes de financiamiento para innovadores en Argentina : venture capital , inversores ángeles , inversores institucionales. Revista de La Bolsa de Comercio de Rosario, 50–57.

Chais, C., Ganzer, P. P., & Olea, P. M. (2017). Technology transfer between universities and companies: two cases of Brazilian universities. *RAI Revista de Administração e Inovação*, 1–13. https://doi.org/10.1016/j.rai.2017.07.003

Chubretovic, T. (2013). Guía de propiedad intelectual y derecho de autor legislación cultural. In *Chile*. http://diseno.uc.cl/wp/wp-content/uploads/2015/08/guia-propiedad-intelectual.pdf

Clarysse, B., Wright, M., Lockett, A., Mustar, P., & Knockaert, M. (2007). Academic spin-offs, formal technology transfer and capital raising. *Industrial and Corporate Change*, *16*(4), 609–640. https://doi.org/10.1093/icc/dtm019

Colombo, M., & Grilli, L. (2010). On growth drivers of high-tech start-ups: Exploring the role of founders' human capital and venture capital. *Journal of Business Venturing*, *25*(6), 610–626. https://doi.org/10.1016/j.jbusvent.2009.01.005

Colombo, M., Mustar, P., & Wright, M. (2010). Dynamics of Science-based entrepreneurship. *Journal of Technology Transfer*, *35*(1), 1–15. https://doi.org/10.1007/s10961-009-9114-6

Criscuolo, P., Salter, A., & Ter Wal, A. L. J. (2014). Going underground: Bootlegging and individual innovative performance. *Organization Science*, *25*(5), 1287–1305. https://doi.org/10.1287/orsc.2013.0856

Derechos Morales - INAPI. Institucional. (n.d.). Retrieved December 30, 2020, https://www.inapi.cl/portal/institucional/600/w3-article-844.html

Diseños. (n.d.). Retrieved January 5, 2021, from https://www.inapi.cl/patentes/tipos-de-patentes/disenos

Engel, D., & Keilbach, M. (2007). Firm-level implications of early stage venture capital investment - An empirical investigation. *Journal of Empirical Finance*, *14*(2), 150–167. https://doi.org/10.1016/j.jempfin.2006.03.004

Esquema de Trazados o Topografías de Circuitos Integrados. (n.d.). Retrieved January 5, 2021, from https://www.inapi.cl/patentes/tipos-de-patentes/esquema-de-trazados-o-topografias-de-circuitos-integrados

Esteve, V. (2014). *exit en startups*. https://vicentesteve.com/planificando-el-exit-en-mi-startup/

Fraser, J. (2008). Communicating the full value of academic technology transfer: Some lessons learned. *The Licensing Journal*, *28*(1), 1–10.

García, C., Moncada, N., Dussaillant, G., Soto, W., Silva, P., Ogno, N., Bravo, B., Martinoli, S., & Montalva, T. (2014). *La Guia de Emprendimiento Para Saltar Alto*. https://www.jumpchile.com/wp-content/uploads/2018/06/LA-GUIA-DEL-EMPRENDIMIENTO-PARA-SALTAR-ALTO_digital.pdf

Gatorade®, la Bebida Deportiva N°1 del Mundo cumple 50 años | PepsiCo. (2015). https://www.pepsico.cl/es-CL/live/pressrelease/gatorade-la-bebida-deportiva-n-1-del-mundo-cumple-50-años

Glosario. (n.d.). Retrieved January 5, 2021, from https://inapi.cl/glosario

Gompers, P., & Lerner, J. (2001). The Venture Capital Revolution. *Journal of Economic Perspectives*, *15*(2), 145–168. https://doi.org/10.1257/jep.15.2.145

Gruber, M., & Tal, S. (2017). *Where to Play: 3 steps for discovering your most valuable market opportunities*. Pearson.

Gulbrandsen, K. E. (2009). *Bridging the valley of death: The rhetoric of technology transfer* [Iowa State University, Digital Repository]. https://doi.org/10.31274/etd-180810-527

Hellmann, T., & Puri, M. (2015). *The Interaction between Product Market and Financing Strategy: The Role of Venture Capital*. https://doi.org/https://doi.org/10.1093/rfs/13.4.959

Henderson, R., Jaffe, A. B., & Trajtenberg, M. (1998). Universities as a Source of Commercial Technology: A Detailed Analysis of University Patenting, 1965–1988. *Review of Economics and Statistics*, *80*(1), 119–127. https://doi.org/10.1162/003465398557221

Holi, M., Wickramasinghe, R., & Leeuwen, M. (2008). *Metrics for the evaluation of knowledge transfer activities at universities - AIR's KT Strategies Database*. https://ktdrr.org/ktstrategies/ktstrategies_search.cgi?location=sr&sel_1=109&pedisable=true

Ibañez, J. M. (2014). *Technology readiness levels: TRLS : una introducción* (pp. 165–171).

Importancia de la PI en el sector agroalimentario (II): Variedades Vegetales. (2018). *Ii*.

INAPI. (2016). *Guía de Orientación de Transferencia Tecnológica*. 11. https://www.inapi.cl/docs/default-source/default-document-library/gu--a-gott.pdf?sfvrsn=48d557c2_0

INAPI. (2018). *Indicación Geográfica*. https://www.inapi.cl/sello-de-origen/tipos-de-sello/indicacion-geografica

INAPI. (2020). *Derechos Conexos - INAPI. Institucional*. https://www.inapi.cl/portal/institucional/600/w3-article-847.html

Interbrand. (2019). *Best Global Brands - 2019 (Interbrand) | Ranking The Brands*. Ranking The Brands. https://www.rankingthebrands.com/The-Brand-Rankings.aspx?rankingID=37&year=1342

Kantis, H., & Angelelli, P. (2020). Emprendimientos de base científico-tecnológica en América Latina: Importancia, desafíos y recomendaciones para el futuro. In *Emprendimientos de base científico-tecnológica en América Latina: Importancia, desafíos y recomendaciones para el futuro*. https://doi.org/10.18235/0002156

Khan, S., Alméciga-Díaz, C. J., Sawamoto, K., Mackenzie, W. G., Theroux, M. C., Pizarro, C., Mason, R. W., Orii, T., & Tomatsu, S. (2017). Mucopolysaccharidosis IVA and glycosaminoglycans. In *Molecular Genetics and Metabolism* (Vol. 120, Issues 1–2, pp. 78–95). Academic Press Inc. https://doi.org/10.1016/j.ymgme.2016.11.007

Lewis, D. (2016). The Contentious History of the Cherry Tomato | Smart News | Smithsonian Magazine. *Smithsonian*. https://www.smithsonianmag.com/smart-news/contentious-history-cherry-tomato-180959420/

Lubik, S., & Garnsey, E. (2016). Early Business Model Evolution in Science-based Ventures: The Case of Advanced Materials. *Long Range Planning*, *49*(3), 393–408. https://doi.org/10.1016/j.lrp.2015.03.001

Manderieux, L. (2011). *Guía práctica para la creación y la gestión de oficinas de transferencia de tecnología en universidades y centros de investigación de américa latina.*

Manigart, S., & Hyfte, W. Van. (1999). *Post-investment evolution of Belgian venture capital backed companies: an empirical study.*

Mazurkiewicz, A., & Poteralska, B. (2017). Technology Transfer Barriers and Challenges Faced by R&D Organisations. *Procedia Engineering, 182*, 457–465. https://doi.org/10.1016/j.proeng.2017.03.134

Mazzucarto, M. (2014). *El estado emprendedor: Mitos del sector público frente al privado.*

Medellin, E. (n.d.). *La comercialización de tecnología.* 1–3.

Menzies, M. B. (2012). Researching scientific entrepreneurship in New Zealand. *Science and Public Policy, 39*(1), 39–59. https://doi.org/10.3152/030234212X13214603531842

Modelo de Utilidad. (n.d.). Retrieved January 5, 2021, from https://inapi.cl/patentes/tipos-de-patentes/modelo-de-utilidad

Murray, G. C. (2000). *of Start-Up Companies in High- Oliver Burgel and. 8*(2), 33–62.

Musso, R. (2012). *El valle de la muerte.*

NASA. (n.d.). Retrieved January 8, 2021, from https://www.nasa.gov/

Newton: Leges Motus from the Principia. (n.d.). Retrieved January 8, 2021, from http://www.thelatinlibrary.com/newton.leges.html

Oficinas de Vinculación. (n.d.). Retrieved December 20, 2020, from https://vinculacion.conicet.gov.ar/ovt/

OMC ¦ Propiedad Intelectual - portada. (n.d.). Retrieved December 30, 2020, from https://www.wto.org/spanish/tratop_s/trips_s/trips_s.htm

OMPI. (2004). *Como negociar un contrato de licencia.*

Organización Mundial de la Propiedad Intelectual. (n.d.). *Programas informáticos y métodos comerciales.* Retrieved January 5, 2021, from https://www.wipo.int/patent-law/es/developments/*software*.html

Ortiz, I., & Enric, E. (2010). *Guía de Buenas Prácticas para la Búsqueda de Información en Patentes.*

Osterwalder, A., Pigneur, Y., Bernarda, G., & Smith, A. (2014). *Value Proposition Desing*. John Wiley & Sons Inc.

Pigna, F., & Pacheco, M. (n.d.). *Bernardo Houssay, padre de la fisiología y gran promotor de la investigación en nuestro país | El Historiador*. Retrieved December 19, 2020, from https://www.elhistoriador.com.ar/bernardo-houssay-padre-de-la-fisiologia-y-gran-promotor-de-la-investigacion-en-nuestro-pais/

Primer Proceso de la OMPI relativo a los nombres de dominio de Internet: Archivo. (n.d.). Retrieved January 5, 2021, from https://www.wipo.int/amc/es/processes/process1/report/summary.html

Principales Derechos de Propiedad Intelectual. (n.d.). Retrieved January 5, 2021, from https://www.inapi.cl/propiedad-intelectual-e-industrial/para-informarse/principales-derechos-de-propiedad-intelectual

Process of Technology Commercialization. (2016). Office of Technology Commercialization, The University of Texas at Austin. https://research.utexas.edu/otc/process-of-technology-commercialization/

Protocolo de Madrid (Registro internacional de marcas). (n.d.). Retrieved January 5, 2021, from https://euipo.europa.eu/ohimportal/es/madrid-protocol

Public Law 96-571 96th Congress An Act United States of America in Congress assembled , Civilian Energy Efficiency Swap Act of 1980 ". (1980). *4*.

Reseña del Convenio de Berna para la Protección de las Obras Literarias y Artísticas (1886). (n.d.). 4–6. Retrieved December 30, 2020, from https://www.wipo.int/treaties/es/ip/berne/summary_berne.html

Santarelli, E., & Vivarelli, M. (2007). Entrepreneurship and the process of firms' entry, survival and growth. *Industrial and Corporate Change*, *16*(3), 455–488. https://doi.org/10.1093/icc/dtm010

Santos, M. (2016). A Universidade como instrumento de desenvolvimento e de transferência de tecnologia. In *Integridade na Pesquisa e Propriedade Intelectual na Universidade* (pp. 81–108). EDIPUCRS.

Sawamoto, K., Alméciga-Díaz, C., W, M., Mason, R., Orii, T., & Tomatsu, S. (2018). *Chapter 12. Mucopolysaccharidosis Type IVA: Clinical Features, Biochemistry, Diagnosis, Genetics, and Treatment* (S. Tomatsu, C. Lavery, R. Giugliani, P. Harmatz, M. Scarpa, G. Węgrzyn, & T. Orii (Eds.); p. Vol I, pp 235–272). Nova Publishers.

Schmitz Vaccaro, C. (2012). Distintividad y uso de las marcas comerciales. *Revista Chilena de Derecho*, *39*(1), 9–31. https://doi.org/10.4067/S0718-34372012000100002

Sethi, A. (2016). *From Science to Startup* (Copernicus (Ed.)). Springer International Publishing. https://doi.org/10.1007/978-3-319-30424-3

Shane, S. (2004). Encouraging university entrepreneurship? The effect of the Bayh-Dole Act on university patenting in the United States. *Journal of Business Venturing*, *19*(1), 127–151. https://doi.org/10.1016/S0883-9026(02)00114-3

Steve, V. (2014). *Vicente Esteve | Finanzas para Startups*. https://vicentesteve.com/

Steve, V. (2017). *Financiación FFF para Startups | Vicente Esteve*. https://vicentesteve.com/financiacion-fff-para-startups/

Stevens, G. A., & Burley, J. (2003). Piloting the Rocket of Radical Innovation. *Research-Technology Management*, *46*(2), 16–25. https://doi.org/10.1080/08956308.2003.11671550

Sullivan, N. F. (1995). *Technology Transfer (Making the Most of Your Intellectual Property)*.

U.S. Government Accountabliity Office. (1995). *United States General Accounting Office GAO Report to Congressional Requesters* (Issue HEHS-95-61).

Van Norman, G. A., & Eisenkot, R. (2017). Technology Transfer: From the Research Bench to Commercialization: Part 1: Intellectual Property Rights—Basics of Patents and Copyrights. *JACC: Basic to Translational Science*, *2*(1), 85–97. https://doi.org/10.1016/j.jacbts.2017.01.003

Van Roy, V., & Nepelski, D. (2017). Determinants of high-tech entrepreneurship in Europe. In *Business* (Issue April). https://doi.org/10.2791/96153

Villani, E., Linder, C., & Grimaldi, R. (2018). Effectuation and causation in science-based new venture creation: A configurational approach. *Journal of Business Research*, *83*, 173–185. https://doi.org/10.1016/j.jbusres.2017.10.041

WIPO. (2005). *Intercambiar valor: negociación de acuerdos de licencia de tecnología*. 182.

Wright, M., Clarysse, B., Lockett, A., & Knockaert, M. (2008). Mid-range universities' linkages with industry: Knowledge types and the role of intermediaries. *Research Policy, 37*(8), 1205–1223. https://doi.org/10.1016/j.respol.2008.04.021

www.ingramcontent.com/pod-product-compliance
Lightning Source LLC
LaVergne TN
LVHW062353051026
849517LV00017B/2675